［图解名贵珍稀］食用菌栽培

孟庆国　高　霞　席海军　主编

化学工业出版社

·北京·

内容简介

本书系统介绍了羊肚菌、红托竹荪、黑皮鸡枞、红蘑、雷窝子、金耳、玉蕈、蛹虫草等名贵食用菌的菌种选择与制作、发菌管理、栽培管理、出菇管理、病虫害防治、栽培常见问题及处理措施等，对整地、搭棚、播种、覆膜、养菌、催菇、采收、分级、保鲜、加工等工艺流程的技术要点作了详细讲解。本书图文并茂，提供了26个操作视频和500多幅彩色照片，可为从事食用菌工作的农业推广人员、科技人员以及食用菌企业和广大食用菌种植户在实际研究和生产过程中提供指导和参考。

图书在版编目（CIP）数据

图解名贵珍稀食用菌栽培 / 孟庆国，高霞，席海军主编. -- 北京：化学工业出版社，2025. 4. -- ISBN 978-7-122-47319-6

Ⅰ. S646-64

中国国家版本馆CIP数据核字第20253VQ299号

责任编辑：李 丽	文字编辑：李 雪
责任校对：王鹏飞	装帧设计：刘丽华

出版发行：化学工业出版社
　　　　　（北京市东城区青年湖南街13号　邮政编码100011）
印　　装：天津市银博印刷集团有限公司
850mm×1168mm　1/32　印张8¾　字数237千字
2025年5月北京第1版第1次印刷

购书咨询：010-64518888　　　　售后服务：010-64518899
网　　址：http://www.cip.com.cn
凡购买本书，如有缺损质量问题，本社销售中心负责调换。

定　　价：69.80元　　　　　　　　版权所有　违者必究

❖ 编写人员名单 ❖

主　编：孟庆国　高　霞　席海军

副主编：周晴晴　杨　欢　范江涛　高　民　齐　征
　　　　杨凯元　赵英同　齐占奎　孟凡生

参　编：（按姓氏笔画排序）

于丽娜　王　峰　王　铁　王　颖　王　静

邓春海　司海静　吕丽英　朱永丰　朱正威

刘国宇　刘胜伍　关艳丽　纪　燕　李玉丰

李东伟　李　赞　李　鑫　杨大海　邹庆道

辛子军　辛　颖　罗　福　罗金洲　孟庆一

孟庆非　孟庆丽　孟庆海　孟彦霖　环明辉

赵百灵　赵洪志　赵树伟　胡延平　钟丽娟

侯　俊　徐　冲　徐丽丽　郭殿花　郭　盈

韩　冰　冀宝赢　燕炳辰

前言

随着我国食用菌产业的快速发展，传统的食用菌品种已不能完全满足市场的需要，名贵珍稀食用菌栽培已经成为食用菌产业发展的一个重要方向。羊肚菌、红托竹荪、黑皮鸡枞、红蘑、雷窝子、金耳、玉蕈、蛹虫草等名贵的食用菌营养丰富，味道鲜美，市场价格高，发展前景广阔。笔者根据多年的生产经验和先进的科研成果，采用图文结合的形式，系统介绍了上述名贵珍稀食用菌的种植技术。主要包括形态特征、生长发育条件、生活史，菌种分离、生产，出菇管理技术，采收、保鲜、干制等内容。此书内容丰富，创新性强，具有较高的研究、推广价值，可作为广大科技人员、科技推广部门和生产者的参考资料。

在本书的编写过程中，得到了有关单位领导、专家和同行的关注，辽宁郭玲玲老师、王建民老师、侯俊老师、邓春海老师、杨凯元老师，立鹤菌业孙立忠老师，朝阳汇农食用菌科技有限公司李东伟老师，齐占奎老师，山东金太阳农业发展有限公司周晴晴老师，山东齐征老师、高民老师、范江涛老师，四川罗金洲老师，贵州菌集生物科技有限公司杨欢老师，贵州袁江老师等给予了鼎力支持，辽宁朝阳蘑蘑达食用菌科技有限公司等提供了宝贵资料和技术图片、视频，孟彦霖、赵英同参与了视频的编辑工作，一些富有实践的技术员也对本书提出了很好建议，在此一并表示衷心感谢！羊肚菌主要由高霞、周晴晴、罗金洲、杨凯元、李东伟、齐占奎老师编写，红托竹荪由杨欢老师编写，黑皮鸡枞、金耳由齐征、范江涛老师编写，玉蕈由高民老师编写，红蘑、雷窝子、蛹虫草主要由孟庆国、席海军、侯俊、赵英同、孟凡生编写。

在本书编写过程中，得到了有关单位领导、专家和同行的关注，在此一并表示衷心感谢！

由于作者水平、才识所限，虽经再三斟酌，仍有涵盖未全、叙述未清等疏忽之处，恳请读者批评指正！

编　者

2025 年 1 月

❖ 目录 ❖

第一章　羊肚菌栽培

第二章　红托竹荪栽培

第三章　黑皮鸡枞栽培

第四章　红蘑栽培

第五章　雷窝子栽培

第六章　金耳栽培

第七章　玉蕈工厂化栽培

第八章　蛹虫草工厂化栽培

附　录

参考文献

第一章
羊肚菌栽培

（杨凯元　提供）

▎第一节　羊肚菌概述

羊肚菌又称羊肚菜、羊肚蘑、阳雀菌、蜂窝蘑等，因菌盖部分凹凸呈蜂窝状，形似翻开的羊肚（胃）而得名。它属于子囊菌亚门盘菌纲，盘菌目，羊肚菌科，羊肚菌属，是世界上珍贵的稀有食用菌之一。羊肚菌研究有很长的历史，据记载法国是最早进行羊肚菌人工驯化栽培的国家，1980 美国人 Ronald.ower 首次实现实验室栽培成功。四川是我国羊肚菌大田栽培最早尝试的地区，朱斗锡先生获得首个中国羊肚菌专利，谭方河先生确定了营养袋的重要价值，其是大田栽培羊肚菌成功的核心技术。羊肚菌栽培中，营养袋的添加，发菌过程中地膜的使用，催菇后小拱棚的搭建，都使羊肚菌稳产获得了保证。羊肚菌属低温、高湿性真菌，喜阴，生长所需的土壤环境和植被类型多样，一般在春夏之交出菇，在我国主要分布在河南、吉林、河北、辽宁、甘肃、青海、西藏、新疆、陕西、山西、江苏、四川、云南等地区。它香味独特，营养丰富，过去作为敬献皇帝的滋补贡品，如今已成为出口欧美的高级食品，常以高档食材出现在宴席上，被认为是身份和品位的象征。羊肚菌种植只有播种、扣营养袋、浇催菇水、采菇几个步骤，在民间流传："地里挖个洞，播上一点种，一二三四五，钞票就到手。"其含意是栽培羊肚菌成本低、方法简单、见效快。但一定要精心管理，否则会"出菇少"或"不出菇"以冷棚为例，每亩（1 亩 =667m^2）成本约 1 万元（主要是土地、大棚遮阳网等基础设施，菌种和营养袋以及生产管理和采收人工等费用），亩产鲜菇 300kg，亩产值约 3 万元（鲜菇按每千克 100 元计算），投入与产出比为 1 : 3，是脱贫致富的一个新项目（图 1-1）。

图1-1　羊肚菌冷棚种植（周晴晴　提供）

一、形态特征

羊肚菌菌丝体白色，有分隔，多核，无锁状联合，异宗配合，常产生菌核。子实体较小或中等，6～14.5cm，菌盖不规则圆形，长圆形，长4～6cm，宽4～6cm。表面形成许多凹坑，似羊肚状，淡黄褐色，柄白色，长5～7cm，宽粗2～2.5cm，有浅纵沟，基部稍膨大（图1-2）。

图1-2　羊肚菌外观（罗金洲　提供）

二、生长发育条件

羊肚菌的生长发育，需要合适的土壤和环境条件。生产中应根据羊肚菌不同生育阶段对环境条件的要求，合理协调各个影响因素，实现羊肚菌高产、稳产。

1. 土壤

土壤是羊肚菌菌丝生长和子实体繁育的根基，土壤的好坏直接影响着羊肚菌的产量。羊肚菌在黏土、砂土、壤土中均能生长，通常选择土壤黏度低，透水性好，酸碱度为 6.5～8.0 的中性或弱碱性土质，它对土壤有机质含量要求不高，但对磷、钾等矿质养分和微量元素有一定的要求（图 1-3、图 1-4）。

图1-3　黏土中生长的羊肚菌　　　　　图1-4　砂土中生长的羊肚菌
（罗金洲　提供）　　　　　　　　　（罗金洲　提供）

2. 温度

羊肚菌属低温型菌类，菌丝在 3～25℃下均能生长，一般要求地表温度在 12～20℃，土壤层温度在 8～18℃，最适宜温度 15～18℃，低于 0℃或高于 28℃菌丝生长停止甚至死亡。孢子散发适宜温度 15～18℃，萌发适宜温度 18～22℃。子实体在 5～18℃内均能生长，最适宜温度 12～16℃。若昼夜温差大，可促进子实体的形成，但低于或高于生长范围不利于子实体的正常发育。温度过高子实体肉薄、柄长、帽短小、色黄，商品价值低。温度过低子实体生长缓慢、肉厚、色黑。控制和掌握适宜的温度是提高羊肚菌产量质量的关键（图1-5）。

图1-5　羊肚菌子实体生长受温度的影响（罗金洲　提供）

3. 湿度

菌丝生长阶段要求培养室的空气相对湿度为40%～50%，空气相对湿度大，杂菌容易繁殖。子实体形成阶段，空气相对湿度应为85%～95%。子实体形成阶段湿度要适宜，过低易造成子实体干缩，过高则因蒸腾作用受阻影响营养物质向子实体的传递速度。

羊肚菌适宜在土质湿润的环境中生长，土壤含水量以22%～25%为宜（如土壤含水量23%，是指500g干燥土壤中，含水分115g），子实体生长适宜空气相对湿度85%～95%，从播种到收获一直保持土壤表面的湿润才能正常生长。

4. 光照

羊肚菌营养生长阶段不需要光线，人工种植选择环境遮光率85%～90%的遮阳网覆盖。菌丝在暗处或微光条件下生长很快，孢子粉的产生时间与数量和光照强度有很大关系。一般情况下，光线越暗，孢子粉产生的时间越早，厚度越厚。光线对子实体的形成有一定的促进作用，特别是子实体发育阶段光线有重要作用。羊肚菌子实体有向光性，往往是朝光线方向弯曲生长（图1-6、图1-7）。在覆盖物过厚或全天太阳直射的地方都不适宜子实体生长。

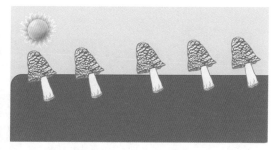

图1-6　向光性实例　　　　　图1-7　向光性示意

5. 空气

羊肚菌菌丝生长阶段对空气无明显反应，子实体的生长发育阶段对空气较敏感，在通风不良处很少发生。若空气中二氧化碳浓度超过 0.3% 时，子实体会出现生长无力，瘦小畸形，或无菌帽乃至腐烂的情况。在暗处及过厚的落叶层中，羊肚菌很少出菇，即使出菇质量也较差，足够的氧气对羊肚菌的正常生长发育是必不可少的。特别要注意北方寒冷干燥地区用塑料薄膜覆盖的塑料大棚栽培，一定要保证空气流通，防止闷气或闭气影响正常出菇。

6. 酸碱度

栽培羊肚菌培养基和土壤的 pH 值应掌握在 pH6.5～8.5 范围内，若 pH 下降到 5.0 以下或高于 9.0 以上都不利于羊肚菌的菌丝生长和子实体生长。

三、生活史

羊肚菌子实体成熟后，弹射出数以亿计的微小孢子，随风飘落，在温湿度适宜的环境条件下，萌发成初生单核菌丝，通过核配形成次生双核菌丝。双核菌丝在土壤中，发育形成许多菌核，在温度、湿度适宜时，形成原基和子实体。这就是羊肚菌的生长发育过程。羊肚菌生活史如下：子实体弹射出孢子→初生菌丝（单核菌丝）→次生菌丝（双核菌丝）→菌核→子实体。人工种植时，必须按照它的生长过程和生理特性要求，才能取得成功。菌核（储备营养，抵抗不良环境）是一种无性的细胞团，像金黄色的矿渣或小核桃。这是一种贮藏营养的器官和休眠体，可以使羊肚菌适应恶劣的环境条件。若羊肚菌干枯，重新吸水，细胞受潮膨胀时，菌核即恢复生活，长出子实体或萌发新的菌丝。羊肚菌生活史见图1-8。

图1-8　羊肚菌生活史（罗金洲　提供）

▎第二节　羊肚菌菌种生产、营养袋制作、出菇试验

一、菌种生产

羊肚菌菌种最大的缺点就是容易退化、变异，给羊肚菌栽培带来很大困难。为了解决这些问题，每年羊肚菌菌种都需要分离、提纯和做出菇试验，并且妥善保管、运输，控制菌种传代。菌种生产流程如下：羊肚菌选择和采集→组织（孢子）分离→提纯培养→出菇试验→优良一级菌种→复壮培养、菌种扩繁→二级菌种→接种、培养栽培菌种。

1. 菌种分离

羊肚菌分离方法与其他食用菌大体相同，采用组织分离和孢子分离。

（1）组织分离　是选取成熟具优良长势的羊肚菌子实体，在无菌环境中用接种针将组织块接入平皿培养基上，获得菌种的方法。

① 培养基制作。配方为马铃薯 200g，葡萄糖 20g，琼脂 18～20g，磷酸二氢钾 3g，硫酸镁 1.5g，水 1000ml。将培养基装到 500ml 三角瓶中（每瓶装入 200ml），115℃灭菌 30min 后在无菌条件下将培养基倒入平皿中（每个平皿约 20ml），冷却备用。

② 选取头潮、新鲜、健壮、周围幼菇或原基多、朵形圆整、七八分熟子实体（图 1-9）。

③ 菇面用 75% 酒精棉球擦拭消毒。

④ 切取组织块（菌肉）。用手术刀切开种菇（图 1-10），在菌盖或菌柄内侧用无菌手术刀或尖嘴镊子取 5mm 见方组织块（菌肉）接于培养皿培养基上（图 1-11）。

图1-9　选子实体

图1-10　切种菇

图1-11　组织块接于培养基上

　　⑤ 培养。温箱18℃恒温培养，2天后组织块萌发（图 1-12），待菌落长到 2cm（图 1-13），用接种针选取最优菌落的先端菌丝接入新培养基上，进行尖端脱毒。将菌丝生长快、产菌核适中、产色素少且晚的分离物挑选出来，作为第一代母种保存备用。

图1-12　组织块萌发

图1-13　菌落长到2cm

　　除菌丝尖端脱毒法外还可采用断桥脱毒法，在无菌条件下，用接种针把平皿培养基中间培养基断开 1cm，把菌种接在断开培养基一侧（图 1-14），菌丝穿越断开处，伸入前端的培养基上，可以纯化菌种。接在断开培养基一侧示意图见图 1-15。

 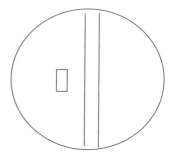

图1-14　接在断开培养基一侧　　图1-15　接在断开培养基一侧示意图

（2）孢子分离　在无菌条件下，使孢子在适宜的培养基上萌发成菌丝体而获得纯培养的方法。多孢分离的菌株不能直接用于生产，要经过出菇实验。采集孢子有多种方法，如整朵插种菇、三角瓶钩悬和试管琼脂培养基黏附法等，此处介绍整朵插种菇法。

①选取头潮、新鲜、健壮、八九分成熟子实体。

②采集孢子（图1-16）。按照组织分离方法消毒子实体，整朵菇插入无菌孢子收集器里，在18℃下培养2～3天后子囊孢子落下，形成孢子印。

③孢子分离、培养。无菌条件下，将少量孢子移入盛无菌水的三角瓶内稀释成孢子悬浮液，其浓度以1滴水中含5～10个孢子为宜。用接种环取孢子悬浮液在斜面上划线，孢子萌发后菌丝体长在一起。取菌丝块转接入新的平皿培养基上，18℃避光培养（图1-17）。选取菌丝生长快，菌核数量适中，产生色素少且晚的培养物用于栽培试验。

 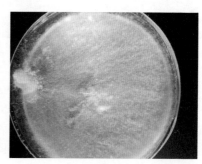

图1-16　采集孢子　　　　　图1-17　菌丝培养

2.母种扩大繁殖及保藏

（1）母种扩大繁殖　选取无污染菌丝优良的试管菌种，用接种针划取带培养基的小块菌种接到斜面培养基中（图1-18），一般1支斜面种第一次扩接15～20支。将转接的菌种放在培养箱中18℃、避光培养7天，待菌丝长满试管斜面后备用。母种转代尽量不要超过3代。

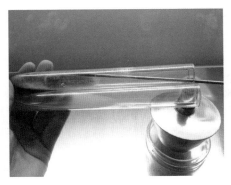

图1-18　母种扩大

（2）优质母种质量标准　菌丝长势均匀，开始是白色，后来慢慢变成黄色，无杂菌污染，表明菌丝生长良好（图1-19、图1-20）。

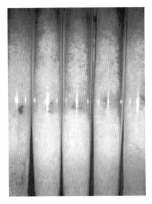

图1-19　六妹母种
（罗金洲　提供）

图1-20　梯棱母种
（罗金洲　提供）

（3）母种的保藏　放入冰箱 3～5℃保鲜层保存，但时间最长不超过 3 个月。

3. 原种和栽培种制作

（1）常用配方

① 木屑 30%，稻壳 30%，小麦 20%，土 20%，石灰 1%。

② 木屑 65%，小麦 20%，白砂糖 1%，石膏 1%，过磷酸钙 1%，土 12%，石灰 1%。

③ 玉米芯 40%，木屑 30%，小麦 15%，石膏 1%，过磷酸钙 1%，土 13%，石灰 1%。

④ 木屑 40%，棉籽壳 30%，小麦 15%，石膏 1%，过磷酸钙 1%，土 13%，石灰 1%。

（2）制作方法　小麦浸泡或煮涨，木屑发酵 3 个月以上，再加入煮涨的小麦、湿土及其他材料，将配方混合均匀后，加入清水，使含水量达 55%～65% 时即可装料。原种一般采用 500～750mm 玻璃瓶，装瓶要求上下松紧一致，薄膜封口就行。栽培种一般用（15～18）cm×33cm 的聚丙烯折角袋装料，无棉盖封口。高压灭菌在 1.5MPa 下维持 4 小时，常压灭菌在 100℃ 以上保持 10～12 小时，注意灭菌时间不能过长或压力过高，否则会破坏其中的养分。高压灭菌见图 1-21。

图1-21　高压灭菌

（3）培养　在无菌条件下，每支母种可接原种 3～5 瓶，每瓶原种可接 40～60 袋栽培种，接种后放在 18～22℃条件下暗光培养。3 天菌丝开始萌发吃料，10 天菌丝可布满培养基表面，15～20 天可长满，在培养期间尽量避免强光刺激，菌龄要求不超过 30 天为好。

　　合格的羊肚菌菌种应该菌丝生长均匀、迅速，无污染，在瓶肩部或料与瓶的缝隙处产生菌核，菌核初期白色，后期为金黄色至浅褐色的颗粒状（图 1-22～图 1-25）。菌丝太弱、菌丝老化、含杂菌者不能用。

图1-22　六妹原种（罗金洲　提供）　　图1-23　梯棱原种（罗金洲　提供）

图1-24　六妹栽培种（罗金洲　提供）　　图1-25　梯棱栽培种（罗金洲　提供）

（4）保藏和运输　放入冷库3～5℃保存。菌种不用袋子运输，用塑料筐，有条件的用冷藏车运输。因为用袋装菌种，堆积一起温度过高易烧菌。

二、营养袋制作

1.营养袋规格

营养袋有2种规格，一般用12cm×24cm或14cm×28cm的折角袋装料。

2.营养袋配方

根据各地原料，营养袋的配方很多，下面配方供参考。

① 小麦50%，玉米芯37%，稻壳10%，石灰1.5%，石膏1.5%。

② 小麦60%，稻壳40%，石灰1%。

③ 小麦50%，玉米芯30%，稻壳20%，石灰1%。

④ 小麦40%，木屑30%，玉米芯20%，麸皮9%，过磷酸钙1%，石灰1%。

3.制作方法

原材料的预处理方法和做菌种时一样，将配方混合均匀后，使含水量达55%～65%时即可装料。将装好料的营养袋用专用扎口机或者塑料绳扎口，然后装入编织袋或筐内，放入灭菌柜内灭菌。高压灭菌在1.5MPa下维持6小时，常压灭菌在100℃以上保持18～20小时，灭完菌冷却后使用（图1-26、图1-27）。

图1-26　营养袋

图1-27　营养袋准备入棚

三、出菇试验

羊肚菌是子囊菌，如果多次扩大繁育的菌种较易发生变异，不经出菇试验，直接用于大量生产，就有可能导致子实体生产率降低，甚至绝收。下面把室内出菇试验介绍一下。

1.播种

详见图1-28、图1-29。

图1-28　播种

图1-29　遮阳网

2.菌丝生长、形成菌霜

详见图1-30、图1-31。

图1-30　菌丝爬土

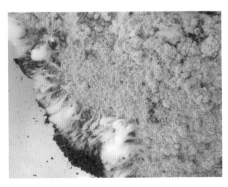

图1-31　长满土面

3. 放营养包

放 12cm×24cm 菌袋制作的营养包，营养包倒放土上，压实使袋内营养料紧贴菌丝（图 1-32）。

图1-32　发菌整体情况

4. 出菇

详见图 1-33、图 1-34。

图1-33　盆栽出菇

图1-34　大田栽培试验
（周晴晴　提供）

第三节　羊肚菌栽培场所、栽培季节
　　　　　　及品种选择

一、栽培场所

应选择交通方便，地势平坦、背风，水电供应便利，接近水源、易排水、无旱涝威胁的地方。周围环境需清洁卫生，附近无养殖场、化工厂，土壤无农药残留、pH中性。栽培场所主要有日光温室、平棚、冷棚三种，人工林也可种植。有投资能力生产者，可建设标准化生产车间，实现一年四季规模化栽培羊肚菌。三种主要栽培模式的比较见表1-1。

表1-1　三种主要栽培模式的比较

栽培模式	优点	缺点
日光温室栽培	能人为控制栽培环境，减少自然等不利因素对出菇的影响	固定设施投入成本高，棚租成本高，棚室面积有限。栽培场所固定，连作易造成病虫害的积累，影响翌年栽培
平棚栽培	设施投入成本低，栽培场地灵活，换地容易，不重茬	搭棚费事，风大需加固，难以抵御雨雪等恶劣气候，不易控制小气候环境
冷棚栽培	需要一定的设施投入，栽培场地灵活	难以抵御雨雪等恶劣气候，栽培环境比平棚易控制

1. 日光温室

日光温室多采用"三面墙一面坡"的设施类型，由棚室、棚架、保温被、电动卷帘、供水系统组成。日光温室要求东西走向，坐北朝南，一般长60~80m，宽7~9m，北墙高3.0~3.5m，后坡长1.5m，仰角为30°，墙厚0.6m。前坡采用钢构拱架结构，拱架间距10m，北墙距离地面33cm设置33cm见方的通风孔，孔距

4m。温室东侧建有缓冲房，以便进出温室。框架建好后，在栽培前一个月覆盖标准厚度无滴膜，棚内内置6针遮阳网，安装保温被和卷帘机，棚前地面以上20cm，需装有防虫网和卷膜器。日光温度易调控，冬季可保持温度5～30℃，春季可提早出菇，冬季可持续出菇，适于规范化，集约化大面积栽培，若管理到位，可实现亩产千斤鲜菇。日光温室通风差，对密度较大的二氧化碳不易排除，在管理中应注意通风管理（图1-35、图1-36）。

图1-35　日光温室外部　　　　图1-36　日光温室内部

2. 平棚

平棚的使用以云贵川地区为主，优点是成本低，空气流动性好，便于田间操作，缺点是只适应面积大而且平坦的地块，遮光效果不够。平棚建造时把竹竿切成2.2～2.5m长，用电钻取一头对穿打孔（"十"字孔），用于横竖拉线。搭棚时把竹竿未打孔一端埋入土中25～35cm夯实，插好竹竿要求整齐，尽量横纵都在一条直线上。竹竿间距可采用4m×4m或3m×3m方便后期操作，有风雪的地方可适当加密，用绳子在顶部"十"字孔处分横竖两个方向串联，并于线的两头用木桩固定。盖上4～6针遮阳网，并将遮阳网固定于架子上，四周压实。单棚面积不宜超过3亩，搭棚时间在播种前一周完成（图1-37）。

图1-37　搭棚（罗金洲　提供）

3. 冷棚

一般建议棚高 2.5m，宽 6～8m，拱形结构，材质最好是钢结构，在大棚上面扣上塑料膜和遮阳网，遮阳网选择 6～8 针规格，遮光率应达到 90% 以上，塑料膜厚度要求 1mm。如在北方栽培建议提前置办毛毡或棉被，预防北方地区出菇期极低寒潮对幼

图1-38　冷棚（周晴晴　提供）

菇形成破坏。通风口离大棚地面80cm以上，通风口防虫网宽度30～40cm，棚顶部也可同时设置通风口，使棚内形成循环风，降低棚内空间温度，提供羊肚菌所需的氧气。冷棚造价低，管理简便，保湿效果好，是新入行的羊肚菌种植者理想的种植场地。实践证明，羊肚菌冷棚种植是成功的种植模式，管理好可产鲜菇300～400kg（图1-38）。

4. 林地栽培、室内层架种植

羊肚菌层架栽培见视频1-1。林地栽培、室内层架种植见图1-39、图1-40。

视频1-1

图1-39　林地栽培（周晴晴　提供）

图1-40　室内层架种植（范江涛　提供）

二、栽培场所中常见栽培设施

1. 补水设备

羊肚菌是喜湿性菌类，主要有微喷、滴灌与喷水带三种补水设备，种植者应根据自己的棚舍条件进行选择（图 1-41～图 1-44）。

图1-41　吊挂式微喷

图1-42　地面插杆微喷

图1-43　滴灌

图1-44　喷水带

三种补水设备的特点见表 1-2。

表1-2　三种补水设备的特点

项目	微喷	滴灌	喷水带
适合范围	广泛使用,特别是北方冷棚、暖棚空气湿度不好保持的地区,效果好	广泛使用,特别是在北方暖棚、冷棚广泛采用	广泛使用,南方、北方种植者普遍使用
种类	吊挂式和地面插杆式两种,由供水主管、支管和吊挂喷头组成。以吊挂式微喷补湿范围大,使用最多	—	规格有三孔(一寸管),五孔(二寸管),七孔(三寸管)。一般使用七孔,直径50(50mm)的喷水带
安装方法	安装在棚顶2m高处,行距2～3m,株距1.5～2m	滴灌管铺设在羊肚菌畦面,铺设2～4道,与主水管连通	喷水带铺设于地面两畦间,两畦间铺1道,与主水管连通
使用方法	催菇时,连续间歇式开启微喷三天,即可达到催菇的土壤湿度。出菇阶段,当幼菇长到3～5cm后,每天在通风状态下,补湿1～2min,每天2次,即可达到羊肚菌出菇的最佳湿度85%～90%	催菇时,开启滴灌8～10小时,两滴点渗水圈相连(指地面两个水圈位置),即可停水。当羊肚菌生长后期缺水时,可随时补水	催菇时,使用50喷带,可喷水宽度7m。连续喷水8小时,即可达到催菇土壤适宜湿度。羊肚菌幼菇长到3～5cm后,可短时喷水,以增加土壤和空气湿度,使羊肚菌健康生长
优点	既可畦床催菇补水,也可出菇后期对空气及土壤增湿	可移动补水,补水可控、省水、省时、省力,一键操作,可定向出菇,防虫施肥一体化。特别是免揭膜补水催菇,效果极好	投资低,水量大,适合于南北方和种植地块不平的地区
缺点	喷水量小,催菇需较长时间喷水,才能满足对土壤湿度的要求	出菇后期空气湿度不好保持,可与微喷配合使用	喷水不均匀,出菇时补水,容易将泥溅到菇脚上,影响品质

2. 地膜的作用、规格与使用

（1）作用　羊肚菌播种之后在畦面覆盖地膜，起到控温、保湿、防涝、抑制杂草（黑色地膜）、促进出菇等作用，该技术可以有效降低劳动力投入，减少不利环境变化对生产的影响，增产效果显著。主要优势有以下几点。

①　保湿。可阻止发菌畦面水分蒸发，同时还有很好的保水保湿作用。

② 提高土温，抑制土温剧烈变化。白色地膜透光，黑色地膜不透光，因此土壤增温白色地膜比黑色地膜快。

③ 控霜（黑色地膜）。畦面菌霜越多，消耗的营养越多，越不利于高产。覆盖黑膜，有较好的控霜作用。

④ 除草（黑色地膜）。因为阳光照射受限，所以能很好地抑制杂草的生长，减少杂草对羊肚菌生长空间的挤占。白色地膜透光，很容易滋生杂草。

⑤ 增产。有增加地温，促进羊肚菌菌丝提早成熟、提前出菇，以及较显著的增产作用。

（2）规格　羊肚菌覆膜主要以普通农用地膜为主，有白色、黑色或半透明薄膜，厚度通常为 0.004～0.008mm，宽与畦面宽度一致或比畦面略宽。如发菌出菇一膜多用，可选择比畦面宽 30cm 的膜，为覆盖出菇小拱棚作预留准备，如 1.2m 宽的畦面，选 1.5m 宽的膜。

（3）使用　覆盖时间根据棚的具体保湿情况灵活运用，可播种后就覆盖，或扣营养袋后再覆盖。白膜透光，不能控制田间杂草，若是田间杂草较多，建议使用黑膜。不管白膜还是黑膜，都要在膜上打透气孔，大小 2cm，间距 20cm。具体方法是用电钻将整卷膜从侧面中间部位打 6 个直径 2cm 的孔，覆盖时，即有许多透光、透气孔，利于发菌和出菇（图 1-45）。

图1-45　覆盖地膜

3. 出菇时搭建小拱棚

在容易产生霜冻、风大、保湿性差的地方，出菇时可搭建小拱棚。在1.0～1.2m宽的畦面上，插入竹片、钢筋（直径6～8mm）或玻璃纤维搭建50～60cm高的弓形骨架，盖上有孔地膜，膜用夹子固定在竹竿上，膜两边用砖头间距2m压好。小拱棚能提高膜内地温2～3℃，同时可规避出菇季节的连阴雨天气对幼菇造成的伤害（图1-46）。

图1-46　棚内搭建小拱棚

三、栽培季节

我国地理条件复杂，各地所处海拔、纬度不同，南北地区气候差异甚大。按照羊肚菌的生理特性，种植一般在秋冬季节进行。播种过早，菌丝老化快，感杂率高；播种过晚菌丝活力不够，营养吸收慢，都会影响最终的产量。播种时间参考当地温度，未来15天内没有高于20℃的天气即可播种，以辽宁为例，春季2月末至3月初播种、秋季9月中下旬至10月初播种。

四、品种选择

羊肚菌人工栽培应选用优质、高产、抗逆性强、适应性广、商品性状好的品种。栽培者在购买羊肚菌菌种时，必须到正规科研机构和法定菌种厂购种，查明所购买的菌种型号，了解种性特性及适用范围，签订合同，购种时索取购种发票，注意菌种包装袋运输过程的安全性。目前种植面积最多的是六妹羊肚菌（图1-47），除六妹羊肚菌外还有七妹羊肚菌、梯棱羊肚菌等多个品种（图1-48）。梯棱菇形比较圆，品相好，耐高温和低温能力较弱，六妹是尖头的，耐高温能力较强，七妹是六妹的升级换代品种。

图1-47　六妹羊肚菌

图1-48　梯棱羊肚菌

▌第四节　羊肚菌栽培管理技术

一、温室栽培管理技术

羊肚菌温室栽培流程见视频 1-2。

羊肚菌属于中低温菌类，适合在我国北方栽培，只要合理安排种植茬口，借助设施对温湿度进行调控，可满足出菇条件。辽宁可采用"秋播冬收""春播夏收"生产模式、越冬栽培模式。该技术栽培羊肚菌，子囊果致密厚重，香味浓郁，而且出菇时节与云南省、四川省等主产地错开，填补了羊肚菌鲜品市场的空窗期，会获得较高的栽培效益。

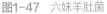

视频1-2

（1）"秋播冬收"生产模式　9月中下旬至10月初播种，12月初出菇1月末采收结束。主要栽培设施为日光温室。

（2）"春播夏收"生产模式　2月末至3月初播种，4月中旬出菇，5月末采收结束。主要栽培设施为日光温室。

（3）越冬栽培模式　10月末至11月初播种，可正常发菌摆营养袋，越冬后次年3月上旬出菇，5月末采收结束，一年只能生产一个周期。主要栽培设施为日光温室、塑料大棚以及外保温塑料大棚。

一年两茬模式：第一茬计划在 10 月初播种，12 月初出菇 1 月末采收结束。第二茬在 2 月末至 3 月初播种，4 月中旬出菇，5 月末采收结束。主要栽培设施为日光温室。

采用覆盖地膜发菌，微喷、滴灌补湿，小拱棚出菇是北方温室栽培羊肚菌种植的特点，以"秋播冬收"模式为例，介绍一下温室栽培技术。

1. 棚室准备、土地平整、修建畦床

（1）清除棚内杂物　在上茬作物收获后，及时清除病残体，铲除田间杂草，带出田外集中深埋或烧毁。

（2）高温闷棚　高温闷棚要关好棚室风口，盖好棚膜，关闭上下风口，卷起暖棚棉被。使晴天中午棚内温度达到 60～70℃，闷棚 20～30 天，利用强光暴晒或高温闷棚可减少病虫害的发生概率。

① 高温闷棚前不翻地，因为翻地一般用旋耕机，翻地后就会把土表上的病虫杂菌翻到地表 10cm 以下，闷棚后难以杀死。

② 高温闷棚建议地面要铺地膜或旧棚膜，目的是提高地温，效果好。

③ 覆膜前用杀虫剂、杀菌剂，要边打药边盖膜，一人前面打药，一人后面覆膜。

④ 闷棚半个月，掀开地膜，打开风口，释放棚内毒气。

⑤ 释放毒气 2～3 天以后，往地里大量灌水，加入杀菌、杀虫剂，重新盖上薄膜，关上风口，再闷棚 15 天，这叫"湿闷"。

⑥ "湿闷"时，安装给水设施，并在棚内用杀虫、杀菌烟雾剂进行消毒。

（3）闷棚结束后，棚内铺设 6 针遮阳网　先在底围铺 2m，然后横拉，这样棚内升温快。如果贴着棚拉网，费人工且升温又慢。

（4）种植前土地调水、消毒、平整　播种前 2～3 天每亩均匀撒施石灰 75～100kg，调节土壤 pH 值为 7.0～8.0（中性或微碱性有利于羊肚菌生长），上大水浇透，施用适量高效低毒杀虫剂，待土地不黏后深耕 25～30cm，然后平整（图 1-49）。

图1-49 深耕后土壤

畦床土壤含水量要求：以畦床土层 15～20cm 保持湿润状态，土壤湿度至 20%～25%（即手捏成团，丢地即散）。

（5）修建畦床 在平整的地表拉线或撒白石灰线，修建畦床。畦床可东西走向（图 1-50）也可南北走向（图 1-51），畦宽 1.0m，沟深 5～10cm，沟宽 0.25～0.30m（畦床窄，透氧性好，利于长菇、采菇）。

图1-50 东西走向

图1-51 南北走向

2. 播种方法和注意事项

（1）播种时间和菌种用量　羊肚菌是典型嗜冷菌，应低温播种。土壤温度至少连续 5 天以上在 20℃以下，即可播菌种，每亩用菌种约 250kg（图 1-52）。

图1-52　菌种

（2）菌种预处理　播种前用刀割破菌袋，剥去外袋，然后用手揉碎至 0.5～1.0cm 大小粒径的颗粒（图 1-53），放在干净盆内。如若菌种偏干，含水量在 55% 以下，可加清水或 0.5% 的磷酸二氢钾水溶液预湿菌种至含水量为 65%～70%。在规模生产中，为了提高劳动效率，可用机器粉碎菌种（图 1-54）。

图1-53　手掰碎的菌种

图1-54　机器粉碎菌种

开袋后的菌种要尽快播种覆土，不要一次开太多，以免造成污染和脱水。

（3）播种方法　播种前2天观察土壤是否过于干燥，过干可适当浇水然后播种，播种时棚温控制在18℃以内。根据具体情况可用机器播种（适合大棚），也可人工播种；可撒播，也可条播，具体如下。

① 撒播。按照每亩250kg的用种量，将菌种均匀撒在畦面上，然后覆土。覆土要求透气好、无大石块、保持潮湿，含水量20%～25%。播种后要及时覆土，菌种不能在阳光下暴晒。覆土可用人工或开沟机覆土，在原有开沟位置开沟，将沟内的土壤翻至畦面上，覆土厚度2～3cm。覆土后铺设滴灌带和微喷带，方便管理和操作（图1-55）。

图1-55　撒播

② 条播。条播前用耙沟器（深度一致）在畦床每个池子纵向开5条沟，沟宽20cm，深5cm（图1-56）。条播时，将揉碎的菌种按照每亩地150～175kg的用种量均匀撒在开好的小沟内（图1-57），然后用铁钉耙把土耙平，覆土厚度2～3cm。条播方式菌种易集中，能形成菌群优势，利于菌丝生长，增强菌群的抗逆性，杂菌侵染较轻。

图1-56 畦床的沟

图1-57 条播

条播的要点是将播入土里的菌种用土封好，不能让菌种露出土面，否则露出土面的菌种暴露在空气中，虽然萌发快，但易感染绿霉等杂菌，土层表面变为绿色。笔者见到，有些栽培户在条播时没有注意到将播入土里的菌种用土封好，结果遭到绿霉菌的感染，造成了不应有的损失。

3. 发菌管理技术要点

（1）播后至扣营养袋前的管理　从播种到扣营养袋前5～10天，无光照发菌，调控棚内温度10～18℃，空气相对湿度60%～70%；土壤温度8～15℃（图1-58），发菌期间保持土壤湿润不见白。播种3天后每天开棚上通风口10～20min，根据气候条件调节温室的棉被和通风口。

播种后根据土壤湿度浇"定植水"，要根据土壤含水量决定，用微喷、滴灌皆可（图1-59）。如果土壤比较干，"定植水"要大些，水浇的深度要达到20cm；如果土壤比较湿润，稍微喷一点就行，湿到3～5cm即可；如果土壤湿度合适，一捏成团，落地即散，不用浇水。

平时维持地表潮湿，不能喷大水，避免覆土层板结，菌丝缺氧不生长。播种后1～2天菌种萌发成纤细的菌丝，3天土壤表面可见稀疏菌丝（图1-60），5～7天土面菌丝量增大（图1-61），7～10天畦面形成一层白色的菌霜（也叫分生孢子）。若发现跳虫，应喷氯氰菊酯及时防治。

图1-58 测气温、地温

图1-59 微喷保湿

图1-60 菌丝爬土

图1-61 土面菌丝量增大

（2）摆放营养袋 由于羊肚菌菌丝自身储备的能量不足以支撑其有性生殖，因此需要从外界吸收新的营养物质。营养袋主要作用是为土壤中的羊肚菌菌丝提供充足的营养，是羊肚菌丰产最重要的"能量"支撑（图1-62）。

摆放营养袋见视频1-3。

图1-62 营养袋"能量"支撑实例图

视频1-3

营养袋的使用为羊肚菌的高产奠定了基础，有效地促进羊肚菌产业进入规模化发展。营养袋"能量"支撑示意图见图1-63。

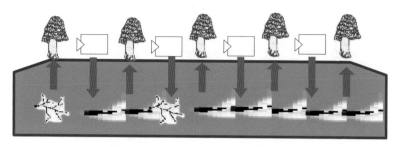

图1-63 营养袋"能量"支撑示意图

① 摆袋时间和数量。播种后 7～15 天，畦面有 60%～80% 产生"菌霜"（白色分生孢子）时摆放营养袋（正常情况下 7 天左右，一般不超过 10 天），每亩 1800～2200 袋，每袋 1kg（图 1-64）。

图1-64 菌霜

放营养袋一定注意土面气生菌丝和料面湿度，如果没有气生菌丝，或土表面湿度不够，这时不要放营养袋，可适度喷水，增加空气湿度，喷水后不能直接放，看气生菌丝延伸上来再放营养袋。

② 破口方法。常规破口方法主要有刀具划线法、钉板打眼法。

a. 刀具划线法　将灭菌好的营养袋用刀片纵向划 2 条间距

1cm、长 10～12cm 的小口（图 1-65、图 1-66）。也可在袋上横向划口，每袋划 6～7 道。

图1-65 刀具划线法实例　　　　图1-66 刀具划线法示意图

b. 钉板打眼法　用打孔拍，可在营养袋上打孔 8～12 个（图 1-67、图 1-68）。

图1-67 打孔拍打孔　　　　　　图1-68 打孔后菌袋
　（李玉丰　提供）　　　　　　　（李玉丰　提供）

③ 摆放方法。手拿营养袋，在离近地面时瞬间将破口（有孔的一面）朝下摆放畦床土面，用力稍微按一下，使其充分与地面接触（图 1-69），摆成"品"字形（图 1-70、图 1-71）。袋间距离 30～35cm，袋离床边距离 15cm。放营养袋时有可能会漏料，这时要从床面抓一把土盖到漏料的地方，否则遇到高温很容易造成感染。

图1-69 营养袋压在料面上

图1-70 "品"字形摆放

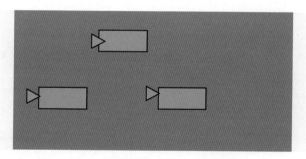

图1-71 "品"字形摆放示意（孟凡生 提供）

④ 选择性使用地膜。温室保温、保湿效果好，放营养袋后畦面一般不盖地膜。黑地膜遮阳、保湿，如棚内湿度不易控制、光照过强或需额外保温时，可盖打孔地膜（孔大小 2cm，间距 20cm 一个，可自己打孔或找厂家定制）。为保湿、通气，可在地膜两边隔1m 压土块一个（图 1-72）。

上黑地膜前要观察营养袋的生长情况，一般营养袋长满后发现床面湿度不够，这时覆盖黑地膜。黑地膜不要过早盖上，有的种植户刚上营养袋就盖上黑地膜，结果地膜下高温高湿造成大量杂菌感染。

图1-72 盖膜

⑤ 营养袋扣放后的管理。摆袋后，菌丝从营养袋的孔隙进入，将包内营养物资吸收转化，通过菌丝传递到土壤中，贮存在土壤的菌丝和菌核中，成为后期菇体长大的主要营养来源。

此时要经常观察室温和地温（图1-73、图1-74），地表温度不宜超过15℃，保持土壤含水量达20%～22%，空气相对湿度40%～50%。采用覆膜管理的，要注意太阳光照射在地膜上后造成地膜下的温度急增，以及覆膜之后菌床上的通风问题，要做到及时通风。

图1-73 测室温（15℃）

图1-74 测地温（10℃）

营养袋菌丝发到一半的时候，要注意营养袋内温度，特别是菌丝长到 2/3 时，是产热量最大的时候，要控制温度避免烧坏菌丝。条件适宜情况下，约 20 天菌丝可消耗完营养袋（图 1-75）。

图1-75　菌丝钻进袋内

一般营养袋扣放后 35～45 天，看起来很扁，小麦培养基基本上只剩下壳，说明营养大部分被输送到土壤中。营养转化完的时候，"菌霜"慢慢减少、泛黄消退。此时如温度适宜可催菇管理，一般 45～60 天即可出菇。如越冬茬栽培，可越冬休眠，等待春季出菇。

越冬茬越冬时可在冻土期来临前 3～5 天，适度补水，确保整个冻土期土壤不至于失水过多对菌丝造成伤害。为了防止菌丝失水、冻伤，影响出菇，可以在畦面覆盖黑膜，或搭建小拱棚保温、保湿。越冬期间如无必要，避免补水，浇水后温度低，土壤透气性差，容易对菌丝产生伤害，影响菌丝活力。

4.出菇期管理

从催蕾到采收 25～30 天，经历原基期、针尖期、桑葚期、幼菇期、成菇期，该阶段的管理决定着种植者的经济收入。羊肚菌不是"懒庄稼"，真正种好菇的人要懂得它的语言，能够和菇对话，看菇管理，要做好温水光气的综合调控。

（1）催菇 羊肚菌高产发菌高产标准见视频 1-4。

催菇是菌丝变为菇体的分水岭，通过较大的湿差刺激、温差刺激，充足氧气和光照刺激的综合作用来实现，一般催菇 7～10 天即可现蕾。

视频1-4

① 催菇时间。催菇的几项标准见视频 1-5。

一般菌丝培养 45～60 天即可催菇。当床面菌丝和"菌霜"颜色由白色变黄色，再变成黄褐色，最后变为铁锈色并逐渐消退；营养袋颜色由浅黄色变成灰色，很软、变扁，拿起时包不黏土；床面湿润的地方少量原基

视频1-5

出现时，可催菇。越冬出菇的，次年 3 月中下旬，进入催菇管理。具备催菇标准后，要观察未来天气温度，一般地温最低要求稳定在 6℃以上，最好在 8℃以上，未来 15 天地表温度能控制在 6～18℃之间，没有极端温度。

② 催菇措施。催菇的目的和方法见视频 1-6。

a. 营养袋处理。营养袋一般不去掉，特别北方出菇期间温度低，病虫害较少，营养袋营养没有完全被利用。

视频1-6

b. 撤膜增氧、光线刺激。一般喷催菇水前 2～3 天揭去畦面地膜，卷起棚草帘（图 1-76）、通风口，加大通风，晾晾床面，让畦床氧气充足，充分见光，刺激出菇。

图1-76 卷起棚草帘

c. 喷药防虫。晾床面后，用高效氯氰菊酯在床面和营养袋周围轻轻地喷一遍药，闷棚一天（防虫效果好）。

d. 喷水催菇。喷药防虫后，可进行喷水催菇，浇水过程中通风口完全打开，浇完水后关闭。

一般用吊喷灌催菇，将畦床内深度 20cm 浇透（图 1-77），土壤含水量 25%～30%，空气湿度 80%～90%，床面不积水，或积水短时间能渗下去。如果是黏土，可以分段浇水，浇半个小时，停半个小时，防止床面积水，待渗透后再浇。如果是壤土或砂性土，可以一直浇到饱和状态。浇水不足，不易产生原基，或虽产生原基，后期菇生长缓慢成为"小老头菇"；水量过大，土壤积水，容易出现"水菇"。

图1-77　浇催菇水

土含水量测定：可抓一把土，用手轻轻一攥成团，离地 1m，落地不散，大于 25%；落地就散，等于 25%；轻轻一攥不成团，则小于 25%。

浇水深度测定：可以用棍子轻轻扎到地里面，拿出来，棍子 20cm 以上都湿润即可。

e. 撒药防虫。搭建小拱棚前，将四聚乙烯颗粒撒在畦面上防蛞蝓、蜗牛，每亩用量 0.5～1kg。

f. 搭建小拱棚。在容易产生霜冻、风大、保湿性差的地方，浇催菇水后，土不黏鞋时，为了保证催菇效果，可搭建小拱棚，膜上一定要有通气孔，孔直径 2cm，孔距 20cm。

将地膜取到走道上，畦面两边插入竹片、钢筋（直径 6～8mm）或玻璃纤维搭建 50～60cm 高的弓形骨架，间隔 1～2m，盖上有孔地膜，膜用夹子固定在竹竿上（图 1-78），膜两边用砖头间距 2m 压好。

小拱棚温湿度相对稳定，成为专供羊肚菌避风挡雨、健康生长的"小洋房"，在需要通风时，可打开背风面进行通风换气（图 1-79）。除了小拱棚，还可以用平拉膜，高度 30cm。

图1-78 夹子固定膜　　　　　　图1-79 小拱棚

g.温差刺激。喷催菇水后，在 4～16℃内，进行 3～5 天的温差刺激，可有效地诱发原基发生。此阶段地温最好保持在 8～12℃，利于原基分化。暖棚具体方法是白天将棉被（草帘子）收起，夜晚及时将棉被（草帘子）放下，使地表 5cm 处温度白天控制在10～12℃，夜间棚内温度（地表温度）至 3～5℃，拉大温差至10℃以上。在催菇方法上要灵活运用，如气温高时要"反掀帘"（白天不打开帘子，晚上打开），进行原基诱导。喷催菇水后 4～5天，在土缝间湿润的地方会出现 0.5～1mm 大小不等的球状小原基（图 1-80）。

图1-80　原基

催菇后 2～3 天不进行通风管理，待大量原基产生后进行正常通风管理。每天选择温度好的时间，通风 1～2 小时，选择上风口进行通风，忌地面风。原基产生后空气湿度保持在 80%～90%，白天给予一定散射光照 500～800lx，时长 5～8 小时。要保持棚内晚上地表温度不低于 12℃，白天地表温度不高于 18℃，想尽一切办法达到这个温度条件，在尽可能短的时间内，让尽可能多的原基分化成幼菇（正常 7～10 天分化完成，这段时间是高危警戒时间）。

（2）针尖期、桑葚期　黄金管理 20 天（上）见视频 1-7。

视频1-7

此期为 7～10 天，羊肚菌原基 2～3 天成长为白色针状菇（图 1-81），针状菇又发育成 1～2cm 菌帽菌柄分明（上部黑色菌帽、下部白色菌柄）的桑葚状小菇（图 1-82），然后进入幼菇期。

从原基到针尖期、桑葚期是羊肚菌最脆弱的时段，可以用弱不禁风来形容。该阶段管理决定成菇率的高低，是高产的基础，也是成功的关键。需注意以下四点：

① 一定要避免直风吹，短期直风吹可导致菇蕾死亡。

② 注意给予充足的散射光，不是直射光。

③ 防低温和极端高温。这时地表最佳温度为 6～13℃，不能低于 4℃，不高于 16℃。

图1-81　针状菇

图1-82　桑葚状小菇

④ 该阶段菇体水分主要靠土壤提供，不宜喷水，土壤湿度22%～25%，空气湿度85%～90%。如必须补水，把水喷在走道里为宜，喷雾化水，少喷勤喷。

（3）羊肚菌幼菇期　黄金管理20天（下）见视频1-8。

视频1-8

菇体3～5cm的生长期，此期2～4天，为幼菇期。幼菇期的小菇，对环境的适应能力比针状菇有所增强，但尚处在幼嫩脆弱阶段。0℃左右的霜害，25℃左右的热害，空气湿度低于70%的风害，持续低温雨水的雨害，均会导致幼菇死亡。因此，创造适宜的温湿度环境，预防极端恶劣气候，是幼菇提高成活率的首要条件。需注意以下几点。

① 随着幼菇的逐渐长大，每天要进行适当的通风换气。根据天气的变化和棚内的温度，选择通风的时段和时间。温度高的天气选择晚上通风，以降低棚内温度。温度低的天气选择中午通风，以增加棚内温度。记住通风必浇水，浇水必通风。幼菇期缺氧会生病、死亡，要适度通风，同时避免直风吹。通风时注意小拱棚通风（图1-83）和棚顶通风（图1-84）应间隔进行，避免风大死菇。

图1-83　打开小拱棚通风　　　　　　　　　　图1-84　棚顶通风

② 注意给予充足均匀的散射光，不是直射光。羊肚菌有向光性，向上打开棉被让羊肚菌向上生长。有的种植户仅棚底部透光，造成羊肚菌歪头生长，不但质量不好，而且贴着地面，容易生病。

③ 防低温和极端高温。这时棚内地表空气温度控制在18℃以下（图1-85），小拱棚内地温控制在8～15℃（图1-86），最低不能低于4℃，最高不能高于16℃。

④ 土壤湿度22%～25%，空气湿度80%～85%，不宜对菇体喷水。如必须喷水，尽量少浇水，以短时间喷雾为主，不能对着菇体直接喷水。

a. 栽培管理中，有些种植户中午看到干湿温度计低于70%，以为幼菇直接喷水没有问题，拿水管像浇蔬菜那样浇地，结果大量幼菇死亡。因为羊肚菌是土生菌，主要从土中吸收水分，催菇水足的话，一般不用补水。如必须补水，把水喷在走道里为宜，喷雾化水，少喷勤喷。喷水时一定注意通风，不喷"关门水"。

图1-85　测小拱棚内地表空气温度

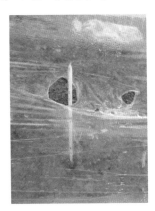
图1-86　测小拱棚内地温

b.喷水时要用折射的雾化喷头，不用普通喷头。

雾化喷头：水通过红色的喷管喷到雾化锥上，不形成水滴，以很薄的雾化形式，一层一层地落下来，分散出去，形成雾蒙蒙的环境湿度。

普通喷头：其形成的水滴在幼菇菌帽上（菌帽相当于菇体鼻子），容易把菌帽堵住，缺氧造成菇体死亡。

⑤ 当幼菇长到3～5cm时（图1-87、图1-88），抵抗力强，可

图1-87　幼菇（一）

图1-88　幼菇（二）

撤掉小拱棚地膜。撤膜前应适量在棚内喷雾状水以增加棚内湿度，同时揭膜应分次揭膜，缓慢揭膜，让幼菇慢慢适应外界环境。揭膜后应根据土壤表层的含水量及棚内空气湿度，每天喷雾状水一次，以保证空气湿度。一般下午 4～5 点太阳柔和时开始撤膜。不要中午最高温时撤膜，造成高温死菇。

（4）羊肚菌成菇期　成菇期为 7～10 天，是指 5cm 幼菇长至 8～10cm 时。此阶段生长快，需氧量、需水量大，需保持 12～16℃，空气相对湿度 75%～80%，土壤含水量 20%～25%。北方温室管理基本上是早上 7 点全帘揭开，10 点通风，下午 1 点放半帘，下午 3 点再开全帘，下午 4 点关闭通风口，下午 5 点盖全帘保温，做到温度、光线、通风一气呵成（图 1-89）。

图1-89　成菇期（杨凯元　提供）

① 温度管理。羊肚菌种植者，应养成每天看天气预报的习惯，在羊肚菌棚内、地面、土壤中均有温度计，随时掌握三点温度变化。

棚内 1.5m 高挂温度计，测棚温；温度计插入土内 2～3cm，测地温；地面以上 15cm，用温度计倒插入土内，用此观察幼菇生长的环境温度。

特别是在中午或高温来临之前，通过调节遮阳网、棉被、通风口、喷水等措施调节温度，防止温度过高。测地温、地表温度见图 1-90。

图1-90 测地温、地表温度

② 湿度管理。每个羊肚菌像一台"微型抽水机"，土壤、空气中要有足够多的水分，才能让这些羊肚菌茁壮成长。

当菇体表面干燥，或地表轻微发白，或菇体顶部收缩时，则是空气湿度不足，应通过喷雾增加湿度。

每天利用微喷或滴灌加湿2～3次（图1-91、图1-92），每次1～2min，做到少量勤喷，保证表面土壤潮湿，土壤含水量不超过25%，保持空间环境相对湿度75%～80%。

图1-91 微喷加湿　　　　图1-92 滴灌加湿

喷水时应注意当菇棚温度在 20℃以上时，不能喷水，每次喷水时要注意通气，不喷"关门水"。喷水时不能让土壤表面积水，土壤中长期水分过多，造成土壤缺氧，限制了菌索的生长，吸收功能降低，从而出现水菇现象。喷水要均匀，若畦面失水，走道水分适宜时会造成过道出菇过多，采收时不方便（图 1-93）。

图1-93　过道出菇过多

③ 光照管理。出菇期间通过调节遮阳网（图 1-94）、棉被（图 1-95），将光照强度控制在 600～800lx（使用照度计监测）。成菇期要延长光照时间（每天照射时间在 16～18 小时），提高羊肚菌最后的上色程度。

图1-94　遮阳网遮光

图1-95　打开棉被增光

俗话说"万物生长靠太阳"，长时间光照不仅能有效提高地温，同时能让畦面表层多余水分蒸发，使菌丝向土壤深处生长，从而积累更多所需养分等，使得出菇产量增高、抗病抗杂能力增强。

④ 通风管理。温室封闭好、二氧化碳密度大，沉积在棚底畦面，不易排除，通风可排除棚底的二氧化碳，换入新鲜空气（氧气），使羊肚菌子实体健康生长。

羊肚菌子实体发育对空气十分敏感，通风使二氧化碳浓度控制在 0.03% 以下（一般使用二氧化碳测定仪监测）。当人进棚胸闷，呼吸不通畅时，应加强通风。

气温低时中午通风，气温高时（18℃以上）早晚通风，避免冷热风影响子实体正常生长。

通风需要分步进行，即 8 点、10 点、12 点、下午 3 点、下午6 点逐步加大通风口或缩减通风口，通风一定要柔和，大风天气通风容易造成小菇成批死亡。

大风天气，要守候在菇房附近，一定要做好防风工作，关闭好通风口，压好棚膜，避免菇体被大风吹干、成批死亡。
揭膜通风见图 1-96。

当羊肚菌菇体长至约 10cm，菇体颜色由浅黄褐色转灰黑色，菇体表面凹凸不平稍有展开时，即可采收（图 1-97）。温室出菇视频见视频 1-9。

视频 1-9

图1-96　揭膜通风

图1-97　采收

（5）间歇期、下茬管理　微喷加湿催菇见视频
1-10。

视频 1-10

第一茬采收后，清理畦面上的病菇、死菇，大
通风，停水 5～7 天，降低土壤和空气湿度（图
1-98）。间歇期控制温室温度 15～20℃，空气相对湿
度 40%～50%，菌丝恢复后，参照头茬菇加湿催菇（图 1-99），
10～15 天可再次形成原基，然后进行出菇管理即可。头茬菇出菇
密的地方，下茬出菇稀，头茬稀的地方，下茬菇密。因营养消耗，
下茬菇质量略逊上茬菇。一般可采收 2 茬羊肚菌。

图1-98　采菇后

图1-99　喷雾加湿催菇

5. 温室环境智能监控

羊肚菌在生长过程中对环境的要求较高，只要短时间处于不适
宜的环境就会使羊肚菌品质变差、减产甚至绝收，因此对栽培环境
的精准调控非常重要。传统的人工管理手段仅借助简单的温湿度计
观测环境，并高度依赖种植者的技术、经验和责任心，管理精度
差，调控不及时，极易造成意外损失。

温室环境智能监控技术利用多种环境传感器实时监控温室内的
空气温湿度、光照强度、二氧化碳浓度等各项环境参数，通过羊肚
菌栽培专用管理程序对数据进行计算，将温室当前的环境数据和应

该采取的调控方法发送到种植者的手机和电脑中，并对超标参数发出警报，为温室管理者随时随地提供环境管理建议。个体农户小规模种植时，种植者只需根据手机软件中显示的环境参数和调控建议进行操作，即可达到精准调控羊肚菌生长环境的目的。在企业规模化中还可以安装风机、补光灯、加湿器等环境调控设备，在管理系统的控制下自动调控超标环境参数，环控及时、精确且大量节省人力（图1-100、图1-101）。

图1-100　羊肚菌栽培管理系统

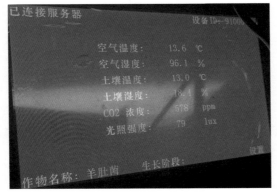

图1-101　温室环境智能监控设备（杨凯元　提供）

二、大田平棚栽培管理技术

1. 整地

播种前一个月，清除田间杂草，翻耕一次，深度20cm，土块粒径小于5cm。水稻田块四周做好排水沟，降低土壤湿度，维持在20%～25%。土质为酸性的可撒石灰50～100kg再翻耕。

2. 搭棚

搭棚时间在播种前一周完成，具体方法参照第一章第三节平棚搭建部分。

3. 播种

播种前1～2天用微耕机翻耕一遍，翻耕深度12～15cm，使土壤湿度上下一致，疏松透气。测定土壤pH在6.5～8，不够的加石灰再翻耕。菌种用量一亩地为250～300袋，重量175～200kg。播种前先将菌种袋撕开，将菌种培养料揉碎，再按照每个棚的面积均匀分配。

比较常见的播种方法有条播和撒播两种。条播一般用于土壤湿度比较大，土块较粗和不便于用机器覆土的坡地。播种前先在地表撒白石灰线（图1-102），按线先开沟作厢（畦），厢宽1.0～1.2m，

图1-102　撒白石灰线

沟深15～20cm，沟宽20～30cm。再在厢面上均匀开2～3条播种沟，沟深5cm，将菌种均匀撒到播种沟内，用土覆盖，覆土厚度为2～3cm。

撒播用于土地平整，土块较细，可用田园管理机直接开沟覆土。操作简单，效率高。土壤翻耕之后，直接将揉碎的菌种均匀撒在土壤表面，调节微耕开沟机使沟深15～20cm，沟宽20～30cm，将走道的土翻起均匀覆盖在已播菌种的畦面上，覆土深度以盖好菌种为度。裸露在外的菌种后期容易感染发霉。所以不管采用什么方式播种，菌种都要保持完全覆盖。用微耕开沟机覆土，每天可播30亩，是羊肚菌播种的得力助手。

4. 发菌管理

24小时后菌丝开始萌发，保持土壤含水量达20%～25%，温度14～18℃促使菌丝生长（图1-103），经常观察畦面覆盖物下的表土，检查土的湿度。手捏有裂口为最佳，空气相对湿度80%～85%。

播种5～7天后菌丝边生长边开始弹射出孢子，在土面形成乳白色的孢子层。若天气干燥，表土水分蒸发过快需及时补水，补水不能直接冲刷厢面，可采用微喷或者厢沟里面灌水，使表土自然返潮至所需的湿度。

图1-103 菌丝爬土

播种11～15天，菌丝长满整个厢面后开始摆放营养袋，营养袋以小麦为主，每亩摆放1800～2500袋。将灭菌好的营养袋用刀片纵向划2条5～7cm的小口，或者用钉子扎20～30个小孔。孔朝下均匀摆放在厢面上，间距30～40cm。用力稍往下按，使小口与土壤结合紧密，便于菌丝吃料（图1-104）。

营养袋摆放三天后，能明显看见袋口向上生长的菌丝，土侧与表面的附生孢子越来越厚，甚至布满表面，并呈现出白茫茫或灰褐色状态，手轻拍土面有大量的灰色烟雾腾起，保温控湿增加菌丝生物量。观察营养袋内部有无其他的杂菌感染，若发现有明显的青霉、绿霉、黄曲霉及链孢霉等杂菌向下生长时要及时取出挖地深埋。

图1-104　摆营养袋

在近年的生产中，播种之后盖膜是保持发菌期间土壤湿度均匀一致的重要措施之一。常用的有白膜和黑膜两种。白膜的特点是透光，盖膜后不改变光照强度，对菌丝的发育和后面幼菇的形成没有影响。也就说即使种植户掌握不了揭膜时间，也不影响原基的正常分化，其缺点就是不能控制田间杂草。若是田间杂草较多的，建议使用黑膜。使用黑膜保湿一定要注意揭膜时间，黑膜不透光，揭膜过晚会影响幼菇的正常发育。不管用白膜还是黑膜，都要在膜上打透气孔，大小2cm，间距20cm。水源条件好，可以安装喷灌设施保持湿度，也可以不用盖膜。

营养袋摆放35～50天，气温回升0℃以上，观察到绝大部分白色孢子粉变黄或消退时，仔细观察原基已经开始形成，此时揭掉地膜，将营养袋全部拣出，浇一次重水，保持土壤湿度25%～30%，羊肚菌菌丝已由原先的营养生长转化为生殖生长。

5. 出菇管理

待孢子消退完时，地温稳定到 5～7℃，在土缝间湿润的地方会出现 0.5～1mm 大小不等的球形小原基（图 1-105），原基以单个或丛生出现，散射光线能照到的呈现出灰色或白色，看上去都像珍珠般晶莹剔透。

图1-105　原基（罗金洲　提供）

原基形成时是湿度管理的重要阶段，此时对环境最敏感，若遇到 3℃以下的低温天气，原基和刚分化的幼菇很容易死亡，有条件的可以搭小拱棚抵御寒潮。若空气干燥可随时喷洒少量的水，保持湿润度，若要保持空气相对湿度 85%～95%，可促进生长速度，总之保持恒温、潮湿是羊肚菌幼菇生长的基本条件。

子实体生长过程中，尽量保持土壤湿度在 25%～30%，空气湿度约 85%，若发现子实体顶部开始脱水，要立即补水。补水时使用"雾化"工具，喷水时喷头不能直接对准畦（厢）面，要离地面约 1m 平喷，补水过程中采取轻喷勤喷的方法使田间湿度达到标准。子实体生长 20～30 天即可进行采收。子实体生长第一周至第四周情况见图 1-106～图 1-109。

大田栽培时一定要在下雨之前把能摘的全部摘掉，下雨后摘的羊肚菌烘干的颜色也不好看，下雨也很容易造成病菌感染，本来看着好好的菌，雨后就出问题，幼菇千万注意不要淹水，不然刚冒出来的小菇雨后几天会倒下一片，造成巨大损失。

图1-106　子实体生长第一周

图1-107　子实体生长第二周

图1-108　子实体生长第三周

图1-109　子实体生长第四周

三、冷棚栽培管理技术

视频 1-11

羊肚菌冷棚栽培流程见视频 1-11。

山东金太阳农业发展有限公司为了适应羊肚菌栽培管理，研发出"两膜一苦"模式（两层膜中间加一层草苦子），目前应用最广的是"两膜一苦"中的拱棚模式。它的优势在于既能保温，又能降温。低温发菌期，两层膜加一层草苦子，保温效果特别好。高温时直接把外膜卸下来，再在棚顶部加一道水管，可喷水降温。同时在棚内以裙膜取代两头划口的通风，门口加设门挡避免"扫地风"，棚内设置雾化装置，这些避免了种植过程中土地板结、浇水不匀和后期补水不方便的问题。"两膜一苫"极大程度上解决了羊肚菌种植过程中"防低温"和"抗高温"两大难题，同时减小了对羊肚菌危害严重的黑腿病、白霉病暴发的可能性，具有很好的推广价值。"两膜一苫"中拱棚模式林下或者大田搭建都可以，建棚和搬迁成本低，可自行搭建，成为羊肚菌多数种植户们选择的种植模式。下面把其栽培技术要点介绍如下。

1. 种植时间

以山东为例，冷棚 11 月前后种植，年后 3 月份出菇，4 月份结束，种植周期为 5 个月。具体播种时间以当地温度为评判标准，未来 15 天内没有高于 20℃的天气即可播种。

2. 冷棚羊肚菌种植成本（不含棚）

① 菌种（三级）2400 元/亩（200kg）；

② 营养包 4000 元/亩（1kg，2 元一袋，2000 袋）；

③ 棚内小拱棚（含膜）600 元/亩；

④ 草木灰、药物 300 元/亩；

⑤ 耕地、种植、采菇等雇人工资约 400 元/亩，种植比较省工，一个人可管理 20 亩地；

⑥ 遮阳网 约 900 元/亩。

综上，常规种植成本为 8000～9000 元（不含大棚）。

3. 冷棚羊肚菌种植收益

羊肚菌菌种是根本、设施是基础，管理是关键。产量差别比较大，低产可能几十千克，高产达到 500kg。排除极端天气情况和不当管理，在当前技术情况下，产量可稳定在 400kg，近几年鲜菇批发价格在每千克 80～120 元，则亩纯效益 2 万～3 万元。

4. 栽培技术要点

（1）栽培场地土壤的处理 开始羊肚菌种植前必须将土地

整平，防止积水造成羊肚菌不出菇或者出菇后死亡。为了尽量减少病虫害的发生，防患于未然，提高产量，栽培土地要深耕暴晒10～15天，并用草木灰1000～2000kg和广谱杀虫剂进行杀虫杀菌处理，先喷洒高效低毒杀虫杀菌剂，5天后再撒石灰，然后进行旋耕。土块不必太细，可适当添加一些腐殖土、复合肥（每亩10～20kg），增加土壤有机质和通透性。种植面积较大，建议使用旋耕机，旋耕土壤均匀，方便快捷。

（2）播种　机器打碎菌种见视频1-12，条播见视频1-13。

每亩菌种用量200kg，使用撒播，将菌种用破碎机打成小块，均匀地撒在厢面上，厢面80～120cm，沟宽0.25～0.30m，然后覆土3cm。种植面积较大建议用开沟覆土机，覆土均匀，效率高。

视频1-12　　视频1-13

（3）安装补水设备补水　播种后需立刻安装补水设备上水，建议使用微喷，可以避免漫灌造成的土壤板结，避免水将泥溅入菇体内，影响羊肚菌品质与口感。每个厢面设计两行到三行，可以到达直径为100cm，这样可以保证厢面每个地方都可以接触水源，有效地保证和调节播种期、菌丝生长期和出菇期棚内土壤和空气湿度。

（4）放置营养袋　播种5～10天，菌床长满白色菌霜时（图1-110），揭开地膜，放置营养袋（图1-111）。营养袋的放置方

图1-110　白色菌霜　　　　　图1-111　放营养袋

法是将营养袋一侧打孔或划口，将划口或打孔的一侧放在菌床表面，稍用力压实，以"品"字形间距 30～35cm，每亩地 1800～2200 个。

（5）覆膜　放置营养袋后可放覆地膜，使用黑膜或白膜直接平铺覆盖，地膜的宽度大于厢面的宽度，地膜从厢面覆盖到厢沟，然后打孔透气，孔径 2cm，打孔间距 20cm×20cm。覆膜见图 1-112。

图1-112　覆膜

（6）养菌　整个菌丝生长过程中，应做到雨后及时排水，干时及时补水，保持地面的土壤不发白。在养菌期间如有杂菌、虫害，请及时处理，避免病虫害感染。因为覆盖黑膜能保持土壤湿度，整个发菌期间基本上不用浇水。大家都知道"干养菌，湿养菇"的道理，养菌中建议少喷水，及时通风，保持适当的氧气。如果养菌过程中浇水过大，会造成土壤温度低、透气差、土壤板结，影响菌丝活力，特别是板结的土壤，原基易在土面上形成，不易成活。

（7）越冬　外源营养袋放置后，在温度适宜的情况下，15 天会长满菌袋，40～45 天外援营养袋的营养会耗尽，由饱满变瘪。

北方冬季较寒冷，为了防止菌丝被冻伤，影响出菇，应做好越冬管理。此阶段要加强管理，选择保温、保湿、透气性能好的材料覆盖在菌丝上面，此时若地面太干可补水 1 次，但补水一定要在上冻之前进行。冷棚不鼓励年前催菇，遭遇倒春寒会冻死幼菇。

（8）出菇管理

① 羊肚菌出菇生长六大阶段生长特点如下（图1-113～图1-118）。

a.雪花期，菌丝凝结而成菌丝球，像雪花，呈白色茸毛状。

b.原基期，形成晶莹剔透鱼子状颗粒，初期需用手机等设备放大观察。

c.针尖期，原基开始分化开始形成黑色的帽尖，此时需要适当补光，避免强光刺激；适当增加通氧量，避免直风吹。

d.桑葚期，出现明显的黑帽头，大小如桑葚。该时期菇体免疫力逐渐增强，要注意通风，逐步降低湿度。

e.幼菇期，幼菇前期帽头和腿部明显分开，抗性变强。幼菇后期，菇帽由黑变黄，耗氧量增加，注意满足氧气需求。

图1-113　雪花期

图1-114　原基期

图1-115　针尖期

图1-116　桑葚期

图1-117　幼菇期

图1-118　成熟期

f.成熟期，个体变大，褶皱形成菇帽，颜色由黄逐渐变红变黑，需要注意及时采摘。

② 催菇管理。催菇技术要点见视频1-14。

视频1-14

春季气温回升到6～10℃时，进行催菇。首先揭掉畦面膜放到走道上，进行一次重水催菇，喷水或者进行沟内灌水，刺激菇蕾发生，空气湿度达到85%～90%，增加散射光照射，早晚各通风一次，时间2～3小时。待土不黏鞋时参照温室搭建小拱棚，一般7～10天后小拱棚内原基大量形成，并逐渐形成幼菇（图1-119～图1-122）。

图1-119　覆膜

图1-120　原基

图1-121 揭膜通风

图1-122 查看幼菇生长情况

③ 出菇管理。冷棚出菇见视频1-15。

羊肚菌出菇分为五个时期，原基期、针尖期、桑葚期、幼菇期、成熟期，前三个时期尤为重要，该时期羊肚菌比较娇嫩，必须像呵护自己的孩子一样24小时仔细呵护。温度是红线，羊肚菌生长期最高温度不得超过

视频1-15

20℃，最低温度不得低于4℃，最佳温度为8～16℃，高温时利用滴灌滴水降低地表及土壤温度，增加遮阳网厚度，避免阳光灼伤。前三个时期尽量不上水，防止幼菇娇嫩，湿度过大，菇体腐烂坍塌。出菇期间保持适宜的温湿度，若遇连阴雨，室外潮湿，则将黑膜掀开，透风换气，如遇高温天气，则覆膜开门通风喷水，降温处理（图1-123～图1-128）。

图1-123 幼菇

图1-124 成菇

图1-125 采收

图1-126 采收的羊肚菌

图1-127 装筐

图1-128 入库加工

第五节 羊肚菌采收、分级、保鲜、干制

在整个生产环节中，采收、保鲜、干制是不可忽视的环节。适时采收是保证羊肚菌质量的根本途径，而有效的保鲜、干制更是提高羊肚菌附加值的重要手段，下面介绍羊肚菌采收、分级、保鲜、干制的方法。

一、采收标准和方法

1.采收标准

羊肚菌幼菇时，菌盖顶尖上面的棱形凹槽紧密而细小，随个体增长，棱形凹槽增大，顶端近圆形凹凸部分逐渐平坦、润滑光亮，色泽由黄褐色或红色转为深褐色或黑色，菌柄肥厚呈米黄色或白色。菌托（根部）明显膨大，说明已经成熟，需及时采摘，否则菌盖过大影响品质同时也不利于周边小菇的生长。

2. 采收方法

羊肚菌采收一般要选择在晴天的早上或者是阴天，在雨天或者是下雨前后以及晴天下午都不适合采收羊肚菌。其次就是在采收羊肚菌的时候，手要干净，不要碰到羊肚菌的菌盖，要拿着羊肚菌的菌柄来采收。采摘时，一手握住子实体，另一手用刀片沿羊肚菌菌柄基部膨大部分，平整切下。采收时由于有些小羊肚菌正在生长，当心不要碰伤正在生长的子实体（图 1-129、图 1-130）。

图1-129　采收（杨凯元　提供）

图1-130　刚采收的羊肚菌鲜菇

3. 采收清理

采收后及时清理地面死菇、病菇等残留物，并及时运出栽培场，确保环境卫生。留在土里的菌柄基部残余最好清理出来，集中处理，这样既利于附近土壤发生羊肚菌新的原基，也可避免菌柄基部滋生马陆等害虫。

4. 选择采集容器

采下鲜菇要轻采轻放，按菇体大小、朵形完整程度进行分类，装入采集容器内。采集容器建议用塑料筐、竹篮子，塑料桶、泡沫箱或纸箱不透气，鲜菇会因为自身发热导致商品性迅速下降（图1-131～图1-134）。

图1-131 塑料筐

图1-132 塑料桶

图1-133 泡沫箱

图1-134 纸箱

二、鲜菇的分级、保鲜

1. 鲜菇的分级

鲜菇的基本要求：含水量低于 90%，无异常外来水分；菌柄基部剪切平整，无泥土；有羊肚菌特有的香味、无异味；破损菇小于 2.0%，虫孔菇小于 5.0%；无霉烂菇、腐烂菇；无虫体、毛发、泥沙、塑料、金属等异物。

鲜羊肚菌的分级见表 1-3。

表1-3　鲜羊肚菌的分级标准

规格	小	中	大
菇帽长度	3～5cm	5～8cm	8～12cm
菌柄长度	≤2cm	≤3cm	≤4cm
等级	外观	菇帽	菌柄
级内菇	菇形饱满，硬实不发软，无破损	浅黄色至深褐色，长度3～12cm	白色
级外菇	级内菇之外，符合基本要求的	浅黄色至深褐色，允许有少量白斑	白色

2. 保鲜

羊肚菌鲜品采摘、分级修整之后，装入内衬保鲜袋的箱内。没有条件的种植户，在羊肚菌装箱的同时在箱内装入几个冰袋降温，封箱后尽快运送。有条件的种植户，将装箱的羊肚菌放入 0～1℃ 冷库内，预冷 16～24 小时后封箱扎口。箱之间预留一定的空间，便于冷空气流通。预冷后在 2～4℃ 条件下，可保存 5 天。

三、干制

羊肚菌的干制是最后一环节，要非常重视，干制的好就是每千克数千元，如果干制成"胶片"，就变成了每千克几百元。干制方法很多，主要有自然干燥法、机械烘干法。

1. 自然干燥法

如果羊肚菌栽培的规模不大，数量不多，可采用自然干燥方式。将采收的羊肚菌子实体摊放在筛帘或竹席上，晒到含水量 12% 以下时即可。晾晒要经常翻动，以加速干燥。自然干燥使用的工具简陋，成本低，但产品的质量得不到保证，若遇到阴雨天气，羊肚菌则易变褐、变黑，甚至霉烂（图 1-135）。

图1-135 自然干燥法

2.机械烘干法

羊肚菌鲜菇要求采摘后5小时以内必须进行烘干，否则会影响商品性。烘干时将鲜菇平整铺在烘盘上，子实体之间无重叠。烘干设备样式很多，烧煤柴的，用电的，用蒸汽的，价格几千元至几十万不等。不论选用哪种烘箱，进行烘干时排湿一定要通畅，否则鲜菇会被烘焦，严重降低商品价值（图1-136、图1-137）。

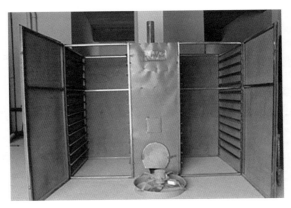

图1-136 简易食用菌羊肚菌烘箱

图1-137　大型电加热羊肚菌烘房

下面以简易烘箱为例介绍一下操作步骤和注意事项。

① 羊肚菌大小一致均匀地摊放同一层筛子，不重叠，有空隙。

② 关好箱门，开启风机，打开下侧进风口挡板。

③ 前3个小时内，温度控制在35～45℃为宜。

④ 按照每小时缓慢升高2～3℃的速度，在3～4小时内逐渐将温度提高到50℃。

⑤ 在50～55℃维持3～4小时，每隔1小时检查一下烘干程度，直到含水量下降到12%左右完成烘干。

图1-138　放入烘干箱

⑥ 温度过高时，应打开炉膛，防止产品变色。停火后，风机要继续旋转5～10min。

注意：

① 上部出风口严禁用覆盖物遮挡，以免影响排湿效果。

② 量大时，可将下层先烘干的取出，上层半干的移至下层，再在上层摆上新鲜的子实体，以节约烘干时间。

放入烘干箱见图1-138。

3. 干菇的分级

羊肚菌干菇的基本要求：适期采收并干制，含水率小于 12%；菇形完整，饱满，呈羊肚菌特有菇形；菌柄基部剪切平整；具有羊肚菌特有的香味、无异味；破损菇小于 2.0%，虫孔菇小于 5.0%；无霉烂菇、虫体、毛发、泥沙、塑料、金属等异物。

干羊肚菌的分级见表 1-4。

表1-4　干羊肚菌的分级标准

规格	小	中	大
菇帽长度	2～4cm	4～6cm	6～10cm
半剪柄	≤2cm	≤3cm	≤4cm
全剪柄	无柄		
等级	外观	菇帽	菌柄
级内菇	菇形饱满，完整无破损，无虫蛀	浅茶色至深褐色，长度 2～10cm	白色至浅黄色
级外菇	级内菇之外，符合基本要求的	浅茶色、深褐色至黑色，允许有少量白斑	白色至黄色

4. 封装

羊肚菌烘干完成后，在空气中静置 10～20min，使其表面稍微回软，然后封存保藏，避免回潮引起霉变。可选用加厚塑料袋密封保存（图1-139），储存在通风干燥的储藏室内。

5. 包装

分级后的产品可以按照不同规格进行包装上市。可选择袋装、盒装、罐装等（图1-140、图1-141），并加装干燥剂。包装后的产品应在阴凉、干燥的环境下储藏，仓库温度控制在 16℃以下，空气湿度 50%～60%，可至少储存半年以上。

图1-139　塑料袋密封保存

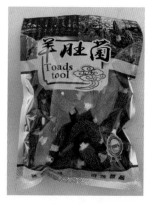

图1-140　袋装

图1-141　罐装

第六节　羊肚菌种植过程中常见问题及预防措施

羊肚菌种植过程中常见问题及预防措施见视频1-16。

一、侵染性病害

1. 羊肚菌蛛网病

视频1-16

蛛网病是出菇期危害较大的一种病害，其气生菌丝像棉絮状，会产生大量的分生孢子（像羊肚菌的菌霜）。该病一般从营养包下面或厢面土壤表层向四面快速蔓延，菇体被感染时，从菇根向菇帽逐步蔓延，菇体很快会变软倒伏，最后被白霜包裹倒伏死亡。发病原因一是土壤中加入大量丰富的有机质，特别是大量加入了鸡粪、羊粪等畜禽粪便；二是营养包富营养化引起营养包污染。高温高湿缺氧受冻等异常条件，导致羊肚菌抵抗力下降和死亡后容易发生该病害。

在管理上，前期要注意营养包灭菌彻底，土壤少加粪肥。要低温发菌防止营养包污染，及时清除病菇和土表的病菌，并在感染部位喷洒消毒药剂（使用 500ppm 以上的氯制剂），并用石灰覆盖，同时降低温度、湿度，加强通风，促使羊肚菌健康生长（图 1-142、图 1-143）。

图1-142 菇体被包裹覆盖　　　　图1-143 菇体变软倒伏死亡

2. 羊肚菌白斑病

白斑病也叫白霉病，在高温高湿和缺氧的环境下发生，菇体虫咬、受伤、死尖部位容易被感染。早期菇盖表层出现白色粉末状菌丝，中期菇盖出现凹陷、穿孔，后期会蔓延到整个菇盖。以侵染主要部位菌盖为主，严重时也会危害菇柄。病菇不腐烂倒伏是它区别于蛛网病、镰刀菌的最主要特点。

图1-144 白霉病初期　　　　图1-145 白霉病后期
（李玉丰 提供）　　　　（李玉丰 提供）

防止白斑病最有效的办法就是降低温度、湿度，可通过用微喷浇水取代大田漫灌，同时在出菇季节中午高温期加强棚内通风，降低棚内空气湿度至85%，保持棚内空气新鲜，菇体干爽，可有效地降低发病概率。及时清除病菇和土表的病菌，并在感染部位喷洒消毒药剂（使用500ppm以上的氯制剂），并用石灰覆盖（图1-144、图1-145）。

3. 羊肚菌镰刀菌病

羊肚菌镰刀菌病，又叫烂柄病，多发生在菇柄部位，严重时也会危害菌盖，影响商品性。首先在菇柄的感染处形成红色、黄色、棕色的病斑，再长出白色茸毛状菌丝。随着病斑的扩大，菇柄形成孔洞，特点是先变色，再长毛，再成孔。高温高湿容易发生，病菌大多来源于土壤。防治镰刀菌注意清除地里秸秆，土壤要消毒彻底，发现要及时清除，及时喷药，并且降温降湿。

4. 羊肚菌黑脚病

黑脚病是羊肚菌种植过程中常见的一种细菌病害，尤其是南方地区土地比较肥沃的地方，通常在幼菇时期发病。羊肚菌发病时，大菇菌柄变黑色（图1-146），局部腐烂、发臭，小菇直接腐烂死亡。发病后，扩散速度非常快，危害程度大。前期整地时一亩地施用100kg石灰消毒，后期出菇时，加强通风降低田间湿度。

图1-146 黑脚病
（罗金洲 提供）

5. 裂褶菌

裂褶菌，湖北叫鸡毛菌，菇体全身茸毛，子实体一朵一朵的，叶片覆瓦状生长，没有菌柄，老熟菌肉柔软革质化，撕不动，菌盖很薄，扇形，灰白色，菇片较大。一般以木屑为原料生产营养袋，灭菌不彻底，在管理上高温高湿时易发生。其生长速度快，争夺营养袋、土壤中营养，造成羊肚菌减产。生产时可降低温度、加大通风量，保证空气流通，发现病菇，应及时采收清除（图1-147、图1-148）。

图1-147　裂褶菌初期　　　　图1-148　裂褶菌后期
（李玉丰　提供）　　　　　　（李玉丰　提供）

6. 地耳和鬼伞

如发现地耳和鬼伞，及时清理即可（图1-149、图1-150）。

图1-149　地耳　　　　　　　　　　图1-150　鬼伞

7. 绿霉感染

高温高湿环境下，畦面、营养袋易出现绿霉（图 1-151、图 1-152），应早发现，早处理。污染轻的畦面用小铲将其清除，表面撒石灰；污染重的畦面，取新土盖上污染处，厚度为 2cm，料面撒石灰。营养袋感染绿霉轻微时，降低温度，让羊肚菌菌丝快速生长，严重时及时清理到棚外当作燃料烧掉。播种后，如种子暴露在土表面没被土覆盖，容易感染绿霉。

图1-151　畦面绿霉感染　　　　图1-152　营养袋绿霉感染

二、生理性病害

在羊肚菌的栽培管理中，要学会跟菇对话，根据菇生长状态进行管理。洁白的菇柄，说明处于健康的生长状态。菇柄发灰、发黑，说明低温、湿度大。菇柄发黄、发红，可能受到了高温的影响。羊肚菌柄长帽短，说明氧气见光不足。羊肚菌干尖，可能是高温、湿度小引起。菇体基部大，裂缝，可能是缺氧造成的。平头菇是出菇期遇到高温，干尖可能是光线强造成的。由于菇棚及外界环境的突然变化，会造成羊肚菌不同的生理性病害，介绍如下。

1. 水害

（1）特征　"水菇"小而瘦长，为正常个体的一半，菌褶开裂早，早熟（图1-153）。地下菌索不是正常的白色，而是黄褐色，"水菇"不及时采收很快就会腐烂。

图1-153 "水菇"

（2）形成的原因 土壤中长期水分过多，造成土壤缺氧，从而出现"水菇"现象。

（3）防治措施 适时通风，防止土壤水分过大。在菇蕾或幼菇期应采取喷雾方法，控制浇水量，不喷"关门水"。

2. 冻害

温度过低引起，主要症状是菌柄颜色变灰色，菌帽分化不完整，无恶臭味（图1-154）。需时刻注意温度变化，在原基暴发形成之后，温度过低时，晚上一定要关闭风口，以防冻害。

图1-154 菌柄灰色

3. 热害

羊肚菌是低温型菌类，子实体生长不宜超 20℃，是羊肚菌子实体生长的红线。在管理中，应养成天天看天气预报的习惯，在羊肚菌棚中、空中、土壤中，均应插有温度计，随时掌握三点温度变化。发现温度过高，应通过通风、喷水等方法降温。

4. 风害

对羊肚菌来说，风是个即必须又可怕的因素，风大时，特别是晚上的冷风，可将原基和幼菇一夜吹死，有些种植户因此遭受重大损失。在生产中一定要注意通风适度，采取"小拱棚"模式（图1-155），预防风害。

图1-155　小拱棚

三、虫害

羊肚菌在出菇期环境潮湿易发生菇蚊、菇蝇、蛞蝓、跳虫等害虫，必须采取"预防为主，综合防治"的方针：①播种前做好栽培场地的清洁，清除污染源，喷施一遍氯氰菊酯，杜绝虫源发生。②在通风口和人员出入口设置防虫网防止外来虫源飞入，用黑光灯、频振式杀虫灯、粘虫板等诱杀害虫，粘虫板悬挂高度离地面0.5m为宜。③可在大棚角落放置盛有蜂蜜、高浓度杀虫剂稀释液的诱集盆，对跳虫等虫害进行诱杀，及时清理诱集盆中的虫体。为了避免老鼠吃营养袋里的麦子，一定要在没放营养袋之前放置老鼠药，因为老鼠药没有营养袋里的麦子香，放营养袋后再放老鼠药会导致老鼠不吃老鼠药。下面介绍一下跳虫和蛞蝓、蜗牛的危害及防治方法。黄板诱杀见图1-156。

图1-156 黄板诱杀

1. 跳虫

跳虫是南方羊肚菌大田种植最常见的一种虫害。尤其是水稻田种植，田间存在大量作物秸秆，最容易发生。其幼虫白色，酷似白蚁，但是比白蚁个头小，幼虫体长2～5mm，啃食羊肚菌菌丝，导致田间菌丝或孢子粉呈板块状消失（图1-157）。同时大量聚集于营养袋下方或里面，田间翻开营养袋很容易发现。成虫黑色，体长3～4mm，啃食羊肚菌子实体（图1-158），通常聚集于子实体顶部，导致子实体畸形，失去商品价值。

种植前清除田间杂草和作物秸秆，土地旋耕后暴晒。播种后可喷洒氯氰菊酯1000～2000倍液预防，及时清理田间营养袋以降低田间虫口数量。出菇后可根据跳虫的喜水习性，在发生跳虫的地方用小盆盛清水，待跳虫跳入水中后再换水继续诱杀，连续几次，将会大大减少虫口密度。

图1-157　危害菌丝
（罗金洲　提供）

图1-158　危害子实体
（罗金洲　提供）

2.蛞蝓、蜗牛

蛞蝓俗称"鼻涕虫"（图1-159），像去壳的蜗牛，和蜗牛（图1-160）都是田间常见的软体动物。羊肚菌是中低温喜湿性菌类，而这种适宜的温度和湿润的环境，非常适合害虫蛞蝓和蜗牛的生长和繁衍。它们昼伏夜出啃食幼菇，一晚上可咬食几十个幼小子实体，使菇体长大成为畸形菇，子实体倒伏，甚至感染病害，失去商品价值。此类害虫可以人工扑杀或在其活动场所撒10%食盐水驱

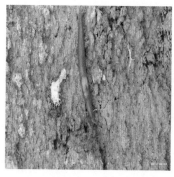

图1-159　蛞蝓（齐占奎　提供）

图1-160　蜗牛

杀，加以清除。羊肚菌催菇后，盖膜前，将含有四聚乙醛的商品药物（密达、蜗牛敌），直接撒在小拱棚里的畦面上，每亩需用量0.5～1kg，可有效防止蛞蝓、蜗牛危害，晴天下午施用效果较好。害虫经过时，其肉体接触到药粒后，会慢性中毒而死亡。在许多羊肚菌出菇场地中，都会看到长着羊肚菌的土壤表面，有蓝色的小颗粒，这就是预防蛞蝓和蜗牛的四聚乙醛药物。

四、重茬问题

羊肚菌和其他作物一样，存在重茬问题。如果一块地连续种植，土壤有效成分消耗大，残留物积累多，病虫害会加剧，必将导致羊肚菌出菇较小、较少，甚至不出菇。因此，为避免重茬问题，提倡换地轮休，或倒茬种植。南方地区栽培羊肚菌，多采用水稻与羊肚菌轮作的办法，解决羊肚菌的重茬问题，其效果很好。北方地区，种植户大都在冷棚和日光温室中种植，因修棚造价大，年年换地方不太现实。种植栽培前要对场地阳光暴晒，深耕，加大生石灰用量至每亩200kg，高温闷棚3周以上，杀灭土壤中的杂菌及虫卵。羊肚菌可以与玉米、黄豆轮作，但在种植过程中，千万不能喷除草剂，以免对下茬羊肚菌造成减产或绝收。

第二章
红托竹荪栽培

第一节　红托竹荪概述

　　红托竹荪，隶属于担子菌亚门，腹菌纲，鬼笔目，鬼笔科，竹荪属，夏、秋季生于竹林中，单生或丛生，主要分布在云南、贵州、四川、广东等地。红托竹荪色白，不易变色，有海鲜香味。菌丝生长温度范围5～30℃，适宜温度20～25℃；子实体形成和发育温度范围15～25℃，最适温度为20～22℃。红托竹荪的生活史包括孢子、菌丝体、菌蕾和子实体4个阶段（图2-1～图2-4）。

视频2-1

　　红托竹荪概述见视频2-1。

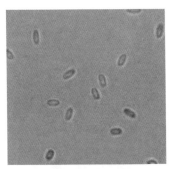

图2-1　孢子

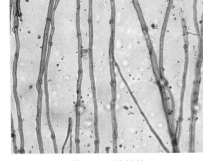

图2-2　菌丝体

图2-3　菌蕾

图2-4　子实体

　　红托竹荪适宜秋栽，菌丝体可越冬，春季很快萌动，在初夏形成菌蕾。中国科学院昆明植物研究所在 20 世纪 70 年代即已进行驯化栽培，贵州江口乡镇企业菌种厂也在 1979～1983 年驯化栽培成功。红托竹荪先前多在南方大面积种植，经济价值高，被称为"菌中皇后"。目前通过工厂化生产，实现了南菇北移，赶上新春期间上市，市场价鲜品每千克达到 200 元，市场供不应求，发展前景广阔。

　　竹荪的栽培方式很多，有设施内畦床栽培法、层架栽培法、箱栽法等多种形式（图2-5～图2-7）。

图2-5　畦床栽培法

图2-6　层架栽培法

图2-7　箱栽法

一、营养价值

　　早在古代，红托竹荪就为南方官吏对历代皇帝的贡品；1972年，曾用它招待来访的美国总统尼克松及基辛格博士，深受喜爱；2000年 APEC 会议在我国上海举行期间，红托竹荪作为盛大晚宴的原料，受到各国嘉宾的一致好评。红托竹荪是世界上最名贵的食药用菌，其营养丰富，香味浓郁，滋味鲜美，自古就被列为"草八珍"之一，近代开始更是国宴上不可或缺的名菜。它是优质的植物蛋白和营养源，其菌体含有蛋白 20.2%，还含有 21 种氨基酸，8 种为人体所必需，其中谷氨酸含量尤其丰富，占氨基酸总量的 17% 以上，为蔬菜和水果所不及。含多种微量元素，其中重要的有锌、铁、铜等。其多糖"竹荪素"是具有高活性的大分子物质，能减少腹壁脂肪的积存，也是食疗佳品。

二、形态特征

　　头戴"黑帽子"，身着"白裙子"，脚穿"红鞋子"，这是对红托竹荪典型特征总结的一句话。头戴"黑帽子"是指它的菌盖，身着"白裙子"是指它的菌裙，脚穿"红鞋子"是指它的菌托。其菌蕾卵圆形，暗紫红色，宽 4～6cm，基部有根状菌索。成熟子实体高 20～33cm，菌盖钟形或钝圆形，高 5～6cm，宽 4～4.5cm，白色，顶端平截，中有穿孔，四周具显著多角形网格，孢体暗绿色、黏，有酵母香味。菌裙从菌盖下垂 6～7cm，钟形，白色，质脆，网眼多角形至椭圆形，孔径 2～7mm。菌柄圆柱形，白色，海绵质，中空，长 11～20cm，粗 3～5cm，向上稍渐细。菌托球形，红色至紫红色，有紫红色鳞片。孢子卵形至长卵圆形，略显青绿色（图 2-8）。

　　子实体按照形态发生特征可以分为原基分化期、球形期、卵形期、破口期、菌柄伸长期和成熟自溶期。商品竹荪主要是指菌柄和菌裙两个部分。

图2-8 红托竹荪形态特征

三、生长发育条件

1. 营养条件

营养物质是红托竹荪生命活动的物质基础，也是获得高产的根本保证。红托竹荪对营养的要求以碳水化合物和含氮物质为主。碳源有葡萄糖、蔗糖、纤维素、木质素等，氮源有氨基酸、蛋白胨等。此外，还需要微量的无机盐类。

栽培原料没有严格的选择性，可广泛利用各种有机质进行栽培，如腐熟的竹鞭、竹根、竹屑以及阔叶树木屑、棉籽壳、棉渣、麦秸、高粱秆、黄豆秆、蔗渣、芦苇等，均可作为原料。竹荪对纤维素、半纤维素和木质素的分解能力有一定差别，依次为：木质素 > 半纤维 > 纤维素。常用氮素营养物质为麦麸、黄豆粉、玉米粉、蛋白胨、尿素和氨盐等。其菌丝生长阶段适宜碳氮比为（15～20）:1，出菇阶段所需碳氮比为 30:1。竹荪的营养生长阶段，在没有土壤时也能良好生长，但在进入生殖生长阶段后，若不进行覆土，子实体就难以形成。

2. 生长发育条件

（1）栽培温度　红托竹荪属中高温型品种，红托竹荪菌丝生长温度范围 5～30℃，适宜温度 20～25℃，32℃高温下菌丝不会死亡但停止生长；43℃条件下培养 2h 菌丝产生色素，由白色变为红色或者暗红色，且很快衰退或死亡。子实体形成和发育温度范围 15～25℃，最适温度为 20～22℃。红托竹荪在适温范围内，原基随温度升高生长速度加快。

（2）栽培湿度　菌丝阶段培养料的湿度应维持在 60%～65%，因红托竹荪分解木质素的能力强，在生长过程中会产生生理水，在此湿度条件下即可以满足生长需求，不需要另外补充水分。菌棒覆土之后栽培室中空气湿度维持在 90%～95%；菌丝接近地表时，在保证土壤湿度为 22%～25% 的情况下可以降低空间湿度，维持在 85%～90%，加大通风量，保证空气均匀流动，增加空气中氧气的含量，以促进原基扭结；原基扭结之后，维持子实体生长发育阶段所需要的湿度为 80%～85%。

（3）CO_2 条件　红托竹荪为好氧型菌类，要求菌种培养库房内 CO_2 的体积分数 ≤ 0.25%。菌种覆土后主要是菌丝在土壤里的生长阶段，此时菌丝可耐受较高浓度的 CO_2，但体积分数不可超过 0.3%。在菌丝发生扭结的阶段需逐步补充新鲜空气，有利于促进菌丝前端不断扭结膨大，交织形成原基。原基形成后应保持空气的流通和氧气的充足，以利于原基的分化与生长。在通风不良、CO_2 累积过度的情况下，菌蕾容易萎缩，菌裙难以散开。

（4）光照条件　红托竹荪菌丝在完全黑暗的条件下生长良好，在极微弱光照下也能正常生长；暴露在强光下会延缓其生长速度，产生色素，并容易衰老；长期处于阳光照射下则会丧失活力。子实体发育阶段散射光有助于子实体生长发育，直射光往往导致子实体变成紫红色，甚至萎缩死亡。

（5）pH 条件　野生红托竹荪在林下腐殖层和微酸性土壤中进行生长繁殖，完成生活史。经过栽培试验测定，培养料被菌丝分解后，pH 下降至 4.6，其生长发育过程是不断利用酸以及产生酸的过程，需要偏酸性的生长环境。一般情况下，红托竹荪菌丝生长最适 pH 为 5.5～6.0，而原基形成和子实体发育时最适 pH 为 4.6～5.0。

第二节 红托竹荪菌种分离、生产

一、菌种分离

母种分离主要包括子实体选择、培养基制备、菌种组织分离、母种扩繁、菌丝培养、保藏及使用等环节。

1. 子实体选择

选择抗病性强、丰产、商品性状好的优良菌株作分离用种，子实体应选择无病害，近六成、七成熟，个体肥大、结实、顶端无凸起，包被无裂缝，内部未分化的菌蕾（竹蛋）。菌蕾不可过大或者过小，采集适龄期的竹蛋利于分离出活力强、健壮的母种。

2. 菌种组织分离

将选择好的菌蕾，先用清水洗去表面泥土，再用 75% 酒精进行表面消毒后，于超净工作台紫外灯下照射 15～20 min，对菌蕾进行表面灭菌和水分去除。后用无菌手术刀在无菌操作台的酒精灯下，将红托竹荪蛋纵向剖开，取出中间第二层的菌裙组织，并将其切成 0.2～0.3cm 的小方块（约如黄豆粒大小），迅速转接到无菌平板培养皿或试管斜面培养基中，封口。

3. 菌丝培养

将分离好的培养皿或试管放入 25℃恒温培养箱内培养 2～3 天，待菌丝生长至直径约 3cm，选取菌丝生长规则的培养皿或试管，挑取尖端内部 0.5cm 处的菌丝进行转接纯化培养，转接方法同常规。红托竹荪菌丝生长较慢，生长速度每天约 1.8mm，一般长满直径 9cm 的平板需 22～25 天，培养期间要定期检查，及时挑选出污染和发菌慢的菌种。

优质母种菌丝生长均匀，生长速度稳定、无角变、无感染、无颗粒状、无刺激变红菌丝，菌丝洁白、浓密，具有稳定性。

4. 母种扩繁

转接纯化的培养皿或试管的菌丝长满培养基后，挑取未感染、菌丝生长均匀的培养皿或试管菌种，立即进行菌种的转接扩繁，对分离菌种进行出菇测试。经过出菇试验后的菌种称为一代菌种，一代母种再经一次提纯扩繁后，称为二代母种，是可供生产使用的主要菌种。

5. 保藏

在 4℃ 的冰箱中保藏。

二、液体菌种生产

与固体菌种的生产工艺相比，红托竹荪液体菌种应用于菌袋工厂化生产，省却了原种、栽培种的生产、培养时间，可将菌种培养周期缩短，降低接种成本，提高了生产效率。下面介绍一下液体菌种生产要点。

1. 工艺流程

工艺流程为母种转接、摇瓶培养、营养液制备与灭菌、接种、发酵培养。

2. 液体培养基的配方

土豆 200g、葡萄糖 20g、蛋白胨 5g、磷酸二氢钾 2g、硫酸镁 1g、pH7.0、水 1000ml。

3. 液体菌种制作

（1）母种转接　液体培养基装入 500ml 玻璃三角瓶内封口，经常规高压灭菌冷却后，放置于超净工作台上。按照无菌操作在工作台酒精灯下，选取距离老菌块中心 2～3cm 的菌丝，用解剖刀或打孔器，切成 2mm×2mm 小菌块，迅速接入三角瓶中并封口。

（2）摇瓶培养　将接种后的三角瓶放在恒温摇床上进行培养，培养温度为 25℃，培养时间 14 天。使用菌种前 3 天时，在无菌环境下，接种菌种每瓶用移液枪取 2ml 液体，平均接种到 3 个平板培养皿中，放入培养箱中28℃培养，3天后观察菌丝萌发与污染情况，将经检测菌丝萌发不合格、有感染、生长状态不佳等的菌种全部剔除。

（3）营养液制备与灭菌　按照配方准备所需的营养料用水稀释，并充分溶于水中，倒入培养罐内用净化水补足至培养罐规定的水位，盖上罐盖并拧紧螺丝，启动加热进行灭菌。灭菌时要求培养罐内液体温度达121～122℃，灭菌时间50～60min。在灭菌结束冷却后严禁培养罐产生负压，使罐压保持在0.03～0.05MPa以防止罐内液体倒流发生污染。

（4）接种、发酵培养　当培养罐内液体温度冷却至25～26℃时即可接种，接种时严格按照培养罐操作规程执行。接种完毕将罐压调至0.02～0.03MPa，温度调至26℃进行通气培养，培养时间10～12天。根据实际生产要求，液体菌种在使用之前48h、24h必须进行取样检测分析，确保无任何杂菌感染（图2-9）。

图2-9　发酵灌车间

三、栽培袋的生产

培养料配方：木屑51%、麸皮19%、豆粕10%、棉籽壳12%、玉米粉6%、过磷酸钙0.3%、磷酸二氢钾0.3%、硫酸镁0.4%、石膏1%。

（1）装袋　采用聚丙烯塑料袋（17cm×33cm×0.005cm），使用自动化装袋设备将上述培养料进行装袋。

（2）灭菌　高压灭菌后，放入无菌接种室冷却。

（3）接种（液体菌种接种）　将接种管道按照无菌操作规程连接到培养罐，然后调整罐压打开接种阀，通过人工或者液体接种机接至灭菌冷却好的菌袋中，接种量约30ml。

（4）培养　将接种完毕的菌袋放在温度为20～25℃、湿度为60%～70%的环境中，暗光培养80～120天（图2-10）。待菌丝长满菌袋后，转入出菇房（图2-11）。

图2-10　菌种培养

图2-11　转入出菇房

第三节　红托竹荪栽培场所、栽培季节及品种选择

一、栽培场所

各类温室、大棚、老旧房子等均可用作菇棚，工厂化栽培则使用智能菇房。智能菇房内层架搭建选用直径为3～5cm的钢管，每个层架搭3～4层为宜，层间距60cm，层架长可依据大棚长度自

行设计，宽 1～1.1m，层面用塑料漏网和遮阳网平铺，并用卡绳将四周留 0.8～1.0m 的过道，每个层架必须用卡扣固定，层架与层架之间用钢管固定，防止层架倒塌。

播种前 10 天，须对菇房和层架进行彻底消毒处理，可用杀菌剂、杀虫剂等水溶液喷洒地面、层架等，对整个菇房进行无死角杀虫消毒处理或烟熏处理，然后密封大棚，杀灭大部分病菌和虫卵。

二、栽培季节

红托竹荪是一种中温型菌类，若设施是控温的，则一年四季均可栽培。若设施不是控温的，以春播 2～4 月和秋播 9～10 月效果最好，播种时要根据当地气候尽量避免出菇期遇到高温或低温。

三、品种选择

选用高产、优质、抗逆性强的优良品种，在生产中菌株表现出较强的均一性和稳定性，具有较好的商业价值。

▎ 第四节　红托竹荪冷棚栽培

红托竹荪冷棚栽培见图 2-12。

图2-12　冷棚出菇

一、季节选择

红托竹荪属中高温型品种，适应温度 18～30℃。以贵州为例，红托竹荪菌棒覆土种植，配方优质的菌棒可以采收 3 茬。种植季节最佳为每年 2 月份，6 月份可以采收第一茬，10 月份便可采收第二茬。第三茬需要次年开春后采收（贵州 10 月份以后便进入冬季，低温条件下，红托竹荪菌丝便进入休眠期，不再生长扭结竹荪蛋）。

二、选址

建棚应考虑风向、日照方向，所建大棚之地应保证良好的排水性（夏季丰水期棚内不易积水），远离工业区、养殖区，以保证环境的优良性，减少污染率。考虑到菇棚建设成本，建议寻找合适的蔬菜大棚租用，如果没有合适大棚请自行搭建（图 2-13）。

图2-13　栽培基地

三、建棚

冷棚的优点是：热可通风换气降温，冷可保温、保湿、防虫。棚子尺寸如下：长 35m、宽 8m、中高 3.5m、肩高 2.5m。菌棚使用塑料薄膜作里层，棚膜边缘用泥土压紧防止虫害进入，菌棚侧膜从地面高 1m 处剪开窗口安装纱网防虫。除菌棚门外，全部用茅草或秸秆编织草帘遮阳（也可用 85%～95% 密度的遮阳网）。

四、棚内消杀处理准备工作

① 引进符合生活用水作为种植使用水。棚内消杀：菇棚搭建完毕后，关闭菇棚，用"虫螨一熏绝"之类的药品进行空间消杀处理。再用"二氯异氰尿酸钠"以及虫螨净杀虫、多菌灵杀杂菌进行土壤的彻底消杀处理。

② 做好种植用土的预处理，土壤翻耕 15cm 以上，再用二氯异氰尿酸钠以及虫螨净杀虫，多菌灵杀杂菌进行土壤的彻底消杀处理。所有药品根据说明使用，不同情况可适当调节。

③ 调好土壤水分含量，一般为 65%～75%。

④ 调好土壤 pH，要求 pH 为 5.50～6.50，根据情况可加过磷酸钙来调节，一般土壤为弱酸性，基本可直接使用，只需做好杀虫杀菌即可。

⑤ 准备适量的松针，用于种植结束后覆盖垄面保湿、分化水分。覆盖床面用的松针叶要在阳光下暴晒 24 小时，喷洒适量消杀药品。

五、种植前注意事项

① 避免菌棒在太阳光下直射。

② 避免菌棒堆积在一起，防止损坏菌棒和由于堆积菌棒堆温过高。

③ 有计划地种完当天的菌棒，不宜反复来回运输搬运。

④ 剥掉菌袋的菌棒应及时覆土，不宜长时间放置，长时间放置会让菌棒损失大量水分，损伤菌丝，影响后期出菇时间和产量。

⑤ 菌棒尽量轻拿轻放，保证菌棒的完整性（最好带上消杀过的手袋拿菌棒）。

六、摆放菌棒、覆土

1. 底土

底土一般至少保证 5cm 以上的松软土层，便于摆放菌棒和防止积水，保证有充足的氧气供覆土的菌棒菌丝的恢复。

2. 起垄要求

一般垄宽 40～50cm 为佳，不超过 60cm，垄高 13cm。垄不宜太高或太低，太高则说明覆土过厚或菌棒离地平面太高，覆土过厚不利于出菇，会增长出菇时间，减少出菇量，菌棒离地平面太高时，不利于菌棒接地气，菌棒菌丝生长无法保证充足的水分（图 2-14）。

图2-14 起垄

3. 菌棒摆放

横向纵向菌棒间距 10cm，一平方米可种植 10～12 个菌棒，一亩地可种植 5000～6000 个菌棒（图 2-15）。

图2-15 摆放菌棒

4. 覆土

菌棒摆放好后进行覆土，覆土时要均匀、缓慢，切忌随意乱倒，会使菌棒移位，影响整齐美观度，并且不利于后期出菇整理。覆土时要确保每个菌棒之间的空隙都要填满土，以菌棒顶部为准，覆土厚度为 3～4cm，覆完土后，整理好垄面和垄沟，保证垄面和垄沟整齐（图 2-16、图 2-17）。

图2-16　覆土　　　　　　　　　　　　图2-17　覆好土

5. 消毒

种植完成后，常用 1% 的高锰酸钾水溶液（或者二氯异氰尿酸钠）浇淋垄面，当做补水和消毒，消毒完成后，过 1～2 天用喷雾器喷洒链孢霉克星，棚内每次消毒后都要注意通风去湿，切不可湿度过大。

6. 覆盖松针，完成种植

种植完成后，尽量少浇水或不浇水，以保湿为主。如果空气干燥，可覆盖黑色地膜保湿。

七、出菇管理

覆土后，必须根据竹荪生长发育对环境的要求，加强对水分、温度、湿度和光照的管理。

1.初期管理

在竹荪栽培初期保持气温18～28℃，要经常观察土壤湿度、栽培料的水分情况，若湿度不够，应适当浇1次透水。覆土后35～40天开始出现菇蕾（图2-18）。有效管理菌棚温度，防止棚内温度超过30℃以上；及时清理床面病害菌蛋，土壤水分高的要干燥降湿。

菌棚温度是发生菌蛋黄水病的主要因素。在贵州很多地区最热季节日最高气温大都低于35℃，棚内出现高温的原因主要是晴热天气遮阳差、菌棚内通风不良造成的。故当晴热天气时，需立即开窗通风，保持菌棚内空气凉爽（图2-19）。

图2-18 菇蕾

图2-19 开窗通风

注意保持床面土壤湿润，表层土壤干燥时适度喷水，但不能过湿，严防菌丝因湿度过大而窒息死亡。菌丝生长阶段空气相对湿度60%～70%，原基形成阶段空气相对湿度70%～95%，要干湿交替，不能长时间干或湿。

红托竹荪土壤水分含量长时间过低、过高时，不能形成菌蛋，菌丝生长受到抑制。高温、高湿条件的杂菌容易生长繁殖，菌蛋生长不良，病菌容易侵染（图2-20）。

图2-20 保持湿度

2. 后期管理

后期管理即出蛋到采收前的管理，等竹荪蛋长到 3cm 时可移除松针，便可进行后续的生长，后期出菇空间湿度保持约 85%，尽量不浇水，竹荪蛋淋水后容易产生病害，所以后期管理能不浇水尽量不浇水，即使浇水也不能太频繁浇水，浇水 1～2 小时后一定要进行通风，风干菌蛋表面多余的水，使菌蛋表面湿润但无水渍。根据外界环境结合菇棚内的生长情况进行管理，一般晴天注意降温，但不通风，雨天多通风，根据不同生长阶段来控制通风时间长短（图 2-21～图 2-24）。在红托竹荪菌裙已经完全张开，孢子胶体开始自溶至淌滴前及时采收。

出菇周期 3～4 个月，一般可以采收 3 潮菇。

图2-21　竹荪

图2-22　生长的竹荪

图2-23　采收

图2-24　采收的竹荪

第五节 红托竹荪工厂化栽培

视频 2-2

红托竹荪工厂化栽培见图 2-25 及视频 2-2。

图2-25 工厂化栽培出菇

一、覆土准备、脱袋、摆放菌袋、覆土

1. 覆土准备

参照大棚覆土准备即可。

2. 脱袋

剔除有病虫害的菌袋,移到开袋房。播种前可用二氯异氰尿酸钠药剂对菌棒浸泡半分钟进行消毒处理。去除套环和塑料盖,再用专用脱袋机将菌袋袋料分离。开袋室、脱袋机等与菌料接触的环境和器材应预先做好消毒杀虫处理。

3. 摆放菌袋

将先前处理好的土壤运送至菇房内,并在每层层架床面铺垫3～5cm厚的土壤作为菌床,之后将菌棒脱袋消毒处理,然后将菌棒摆放在菌床上,每排并列摆放菌棒,每个菌棒间距8～10cm,依次摆满每个层架(图 2-26)。

4. 覆土

在菌棒摆放完毕后须及时进行覆土工作，可人工或用专用覆土机上土。覆土必须遮盖整个床面，菌棒不能暴露在外面，覆土应松紧合适，太紧密则通透性差，影响正常出菇；覆土太稀薄，菌料可能会露出来，导致病虫害发生，覆土厚度以3～4cm为宜，然后喷水调节土壤含水率至20%（图2-27）。

图2-26　摆放菌袋　　　　　　　图2-27　菌袋覆土

二、出菇管理

红托竹荪出菇周期较长，在菌料正常的情况下，可以持续出菇3个月，一般可以采收2～3潮，产量主要集中在第一潮、第二潮。

1. 菌丝恢复期

菌棒一般覆土后十天，周边长出气生菌丝阶段。此阶段土壤湿度适宜，空间温度18～20℃（温度较低利于菌丝恢复，根据土壤湿度控制补水量）。

2. 菌丝爬土期

菌丝由气生菌丝开始在土壤中蔓延生长，至长出土壤表层阶段，形成线状菌丝（图2-28）、锁状菌丝（图2-29）。

图2-28　线状菌丝

图2-29　锁状菌丝

此阶段土壤湿度需适宜，空间湿度65%～75%，空间温度18～23℃，暗光（菌棒的用量决定此阶段菌丝在土壤里的生长密度，影响原基形成数量，菌棒用量过多过少都不适宜，标准为每平方米12～16棒）。

3. 原基扭结期

覆土后18～22天，菌丝长出土壤表层扭结成原基的阶段。

此阶段空气湿度70%～85%，空间温度18～25℃（温差范围内可刺激原基的形成和生长，低于18℃做一定的保温措施，禁止通风）。

红托竹荪原基形成时不需要光照，菌蕾形成后期需要一定的散射光。一般100～300lx的散射光有利于促进红托竹荪子实体的形成（图2-30、图2-31）。

4. 竹蛋生长期

原基扭结长大形成竹蛋，至破壳开花前的阶段。

此阶段空间湿度75%～90%，空间温度22～25℃，100～300lx的散射光，此阶段禁止出现低温，温度过低会冻死竹蛋，低于18℃需做一定的保温措施，禁止通风（图2-32～图2-35）。

图2-30　原基（一）　　　　　图2-31　原基（二）

图2-32　菇蕾　　　　　　图2-33　小菇蕾长大

图2-34　出菇（一）　　　　　图2-35　出菇（二）

5. 竹花生长期

竹蛋破壳至采收结束阶段。

此阶段空间湿度75%～90%，空间温度18～25℃（温度过低延长开花时间，温度过高长竹花容易折断），100～300lx的散射光（图2-36～图2-39）。

图2-36 菌蛋破口期（一）

图2-37 菌蛋破口期（二）

图2-38 出菇（一）

图2-39 出菇（二）

▌ 第六节 红托竹荪的采收、鲜品分级、烘干

一、采收

在红托竹荪菌裙已经完全张开（出菇），孢子胶体开始自溶至

淌滴前及时采收（图 2-40）。

竹荪菇体成熟后立即开始萎缩，48 小时内倒地死亡。出菇期间每 4 小时采摘 1 次，采大留小，防止过度生长（图 2-41）。

图2-40 出菇（王建民 提供）

图2-41 采收过迟

每个潮次结束后，应及时剔除老菌索、残留菇根及病虫害部位，补充覆土，并根据情况浇 1 次大水，保持空间温度 22～24℃，加强通风，以促进菌丝恢复，诱导菇蕾形成。出菇后参照第一潮菇步骤进行即可。

采收时可参照以下工序。

（1）第一道工序　采收的产品应集中清除菌帽和菌托。采收菌帽时要注意掌握技巧，轻轻旋转一下菌帽，即可采收下来，个别不好采收的掐一下帽顶便可采下（图 2-42、图 2-43）。

（2）第二道工序　采收菇体，采收者的手一定要保持干净，只有这样才能采出高品质的菇，采菇要胆大心细，菇采脏了、采碎了都会影响其品质，所以一定要注意采收干净，注意干净卫生，细心采摘，不可操之过急，采收时按要求分类摆放、轻拿轻放（图 2-44）。

（3）第三道工序　采收蛋托（图 2-45），采收者一手扶住蛋托，另一手用小刀割断菌索，然后取走蛋托，采收蛋托时尽量避免小刀误伤别的菌蛋，菌蛋受伤后，容易感染杂菌，所以一定要注意卫生。

图2-42 采收

图2-43 去菌帽和菌托
（王建民 提供）

图2-44 分类摆放

图2-45 竹荪蛋

（4）第四道工序 采收完成后，清理好菇房卫生，用1%的盐水喷洒菌床表面，进行消毒，可防止蜗牛等虫害，消毒后该补土的地方要及时补土，为下茬菇做准备。

二、鲜品分级

将分级好的红托竹荪放在塑料筐内，置于0～3℃冷库内打冷2～3小时，进行预冷排湿，降低菇体代谢速率。将打冷好的鲜竹荪，按相应等级和规格进行分装，包装车间环境温度应不超过18℃，并保持环境卫生。将成品放在2～5℃冷库冷藏，保持相对湿度65%～70%，可保存8～10天（图2-46）。

图2-46　分级

三、烘干、贮藏

红托竹荪烘烤干制选用烘房或电动烘干机进行，不能用柴火式烟煤直接烘烤。可有效避免明火烘烤致使竹荪硫、氟含量超标。

（1）竹荪预处理　在烘烤之前，先将竹荪在烤垫上摆放整齐，用小刀将竹荪菌柄底部长有白皮的地方轻轻划开。

（2）竹荪分层摆放　将竹荪放入物料中，分层摆放，注意不要堆积摆放，以免影响竹荪的烘干品质。

（3）烘烤　采收后2小时以内烘干，烘干起始温度设置为45℃烘2小时，然后调60℃烘干即可。最高温度不能超过65℃，以免烘焦竹荪，烘干后竹荪应连烘烤用具一起取出，经30～60min吸收空气中水分略回软后，用塑料袋包装并密封（图2-47），放入3～5℃冷库中保存待售。

注意刚烘烤后竹荪很脆，搬运期间轻拿轻放，以免损坏。足干的加工制品，其含水量在13%以下。

（4）贮藏　竹荪干品贮存不及时或过久，容易失去香气、变潮、变黄，影响商品价值。加工后的干品需及时入袋并封口，有条件的最好放置于冷库中储存。若在常温条件下室内贮存，则需置于干燥、黑暗、阴凉处，且贮存时间不宜过久（图2-48）。

图2-47　包装

图2-48　贮藏

第七节　红托竹荪病虫害防治

竹荪主要害虫有白蚁、螨类、蛞蝓，主要病害有细菌性角斑病、绿霉、链孢霉、烟灰菌等。

一、物理防治

红托竹荪菌丝和子实体的清香味较浓，易吸引蚊虫等，在整个栽培过程中均需做好防虫措施。菇房周围环境应保持清洁，做好环境维护。菇房使用前要高温杀菌，并设置诱虫灯、粘虫板（图2-49）、防虫网等。栽培后的土壤也应先进行高温杀菌后再处理，且处理场所应远离出菇场所，防止交叉感染。

在管理上要注意湿度适宜，湿度过小盖干裂，湿度过大子实体积水腐烂，造成"烂蛋"（图2-50），料面感染杂菌。

图2-49　粘虫板（王建民　提供）

图2-50　烂蛋

二、药物防治

① 白蚁蛀食竹荪菌丝影响产量，可用灭蚁灵灭杀。

② 螨类可用70%炔螨特或其他专杀螨虫药品灭杀。

③ 蛞蝓是一种软体动物，俗称"鼻涕虫"，无外壳，身体裸露，主要吞噬竹荪子实体，造成菌球穿孔，可用四聚乙醛药物防治。

④ 细菌性角斑病，菌蛋表面形成很多斑点，在通风不良、温度高的情况下传播极快，一般发病后要经常通风、喷洒多菌灵等药物。

⑤ 料面有绿霉、子实体感染绿霉。如果料面有绿霉（图2-51），一般用高效绿霉净。子实体感染要及时发现，及时摘除。

⑥ 烟灰菌。常发生在高温湿环境，初期在竹荪垄面呈白色或者茸毛菌丝，很快变成黑色，菌落呈深烟灰色，其主要危害竹荪菌丝，导致菌丝断裂，直接死亡，早期为最佳治疗时间，当出现时用石灰粉直接覆盖，严重时需要把发病处挖走，并撒新鲜石灰用塑料膜将病患处盖住，防止扩散。

⑦ 黄水病。发现菌蛋上有水渍状斑点，并流出无色、乳白色或棕色的液体时，即所谓的"黄水病"，此病害是红托竹荪常见病害，需及时检查菇棚中的发病情况，将染病菌蛋及时清理，并在发病菌蛋周围撒生石灰消毒，同时加强大棚通风换气，降低"黄水病"发病概率（图2-52）。

图2-51　子实体感染绿霉

图2-52　黄水病（杨欢　提供）

第三章
黑皮鸡枞栽培

▌第一节　黑皮鸡枞概述

黑皮鸡枞别名长根小奥德蘑，又名"长根菇""长寿菇"，隶属担子菌亚门，层菌纲，伞菌目，白蘑科，小奥德蘑属。其营养丰富，肉质细嫩，柄脆可口，可以生吃，被称为食用菌水果。温室大棚内每亩可栽培菌袋 1.5 万袋，每袋可产鲜菇产量 0.3kg，每千克鲜品 60 元，经济效益好，发展前景广阔。

视频 3-1

黑皮鸡枞概述见视频 3-1。

一、形态特征

子实体单生或群生（图 3-1）。菌盖直径 2.5～12cm，半球形至半平展，中部微凸起，呈脐状，并有辐射状皱纹，光滑，湿时微黏，淡褐色、茶褐色、暗褐色。菌肉白色，薄。菌褶白色，离生或贴生较厚，稀疏排列，不等长。菌柄近柱状，长 5～10cm，粗 0.3～2.0cm，浅褐色，近光滑，有纵条纹，表皮脆骨质，肉部纤维质且松软，基部稍膨大且延生成假根。孢子印白色，孢子无色，光滑，近卵圆形至宽椭圆形，有明显芽孔。

图3-1　黑皮鸡枞

二、生长发育条件

1. 营养

黑皮鸡枞可在木屑、棉籽壳、玉米芯粉等多种原料上生长，以此为主料，加入适量麦麸、豆粕、玉米粉等氮源和微量元素即可满足其营养需要。但是如果要达到高产的目的还是要合理地进行碳和氮的调比，并配比合理的微量元素，这样才能让菌袋在三茬以后保持好出菇基础。

2. 温度

菌丝生长温度 5～32℃，适温 24～26℃，出菇适温也在这一范围，当温度低于 18℃时进入出菇休眠状态。一般把温度管理分为四个阶段。

第一个阶段为覆土阶段，这个时候菌袋刚覆土，温度控制在 25℃以下。

第二个阶段为养菌阶段，这个时候需要把温度控制在一定范围以内，最佳的温度范围是 22～26℃，温度控制低了会影响出菇时间，温度控制高了会影响养菌，会过早进入催芽期，不好控制出芽的密度，还会影响到整体的产量和优质菇的比例。

第三个阶段为催芽阶段，这个时期给它一个相对高温，温度控制在 26～28℃，持续时间在 3～5 天，要看具体的菇芽密度来衡量判断。

第四个阶段为出菇阶段，等到土层表面菇芽达到一定密度时把温度控制在 24～26℃之间，一直到该茬采收结束。

3. 湿度

菌丝适宜的基质含水量在 63%～65%，出菇需要 85%～90%的空气相对湿度。空间湿度管理分为四个阶段控制，第一个阶段为覆土浇水，注意水要浇透、风要通足。第二个阶段为出菇，注意土表层湿度和空间相对湿度双控制。第三个阶段为采摘，注意控湿补水。第四个阶段为养菌，要补水、通风、杀虫、防菌杀菌、结合温度养好菌丝。

4. 光照和通风

出菇期光照 300～500lx，二氧化碳浓度为 1500～2000ppm。

① 光照：每天光照时间控制在 10～12 小时。如果出现菇体颜色变化，再根据具体情况进行调整。光照时间过短或者过长都会造成菇体颜色变浅。

② 通风：通风一般伴随着菇体生长情况进行，观察菇帽的大小来决定通风或者不通风，或者通风的大小和时间。保持空气新鲜，能减少杂菌的发生，应根据情况进行更换新风。

5. 酸碱度（pH 值）

菌丝生长的基质 pH 为 5.5～7.0，pH 对水和土质有同样的要求。

6. 覆土

在生产中覆土出菇是最理想的出菇方式（不覆土能出菇，但产量不高），覆土后子实体发生更多，生长更健壮。覆土材料要求质地疏松，透气性好，有机质含量丰富，以砂壤土为最佳，用前需进行防虫和防菌的处理。

▌ 第二节　黑皮鸡枞菌种的生产

一、母种制作

1. 母种分离

分离宜采用组织分离法。因出土后的子实体常被菇蝇蛀食，菌柄和菌褶中常有小蛆，故利用开伞后的子实体作分离材料，很容易造成污染，分离成功率低。因此，最好选择幼蕾供分离之用。在进行分离之前，要注意检查菇蕾上是否有被蛀的虫孔，若有虫孔则不宜作分离材料。

对分离材料表面灭菌处理，然后从菌盖和菌柄连接处取一小块组织，用无菌接种针接种到马铃薯葡萄糖琼脂（PDA）平皿（试管）培养基的中央，在 25～27℃条件下培养，经 6 天，菌丝在培养基斜面生长 1cm 左右。再经转管纯化培养，即可获得纯母种。黑皮鸡枞菌丝体白色，气生菌丝旺盛，茸毛状，培养基不变色，菌丝层后期边缘带褐色（图 3-2～图 3-5）。

图3-2　种菇

图3-3　取组织块

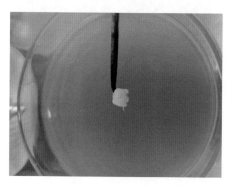

图3-4　接平皿中

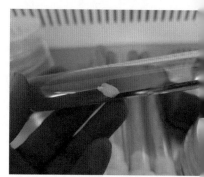

图3-5　接试管中

2. 母种扩大培养

母种培养基采用以下培养基配方。

① 配方 1：马铃薯 200g，葡萄糖 20g，琼脂 30g，水 1000ml。

② 配方 2：马铃薯 200g，蔗糖 20g，磷酸二氢钾 3g，硫酸镁

15g，琼脂 30g，水 1000ml。

③ 配方 3：酵母膏 20g，蔗糖 20g，磷酸二氢钾 1g，磷酸氢二钾 0.5g，硫酸镁 0.3g，琼脂 30g，水 1000ml。

④ 配方 4：杂木屑 200g，麦麸 20g，蔗糖 20g，琼脂 30g，水 1000ml。

上述培养基按常规方法制备、灭菌，接种后，在 25～26℃条件下培养 15 天，菌丝较为洁白，长满料面培养基。

二、原种和栽培种制作

配方：棉籽壳 55%，阔叶树木屑 20%，麦麸 23%，糖和碳酸钙各 1%，含水量 62%。

按常规装瓶、灭菌、接种，置于 25℃培养。750g 瓶装原种 40～45 天长满；15cm×26cm 袋装栽培种约 40 天长满。在杂木屑、麦麸培养基生长的菌丝洁白，茸毛状，气生菌丝较为发达。

三、液体菌种制作

1. 摇瓶制作

培养基配方：马铃薯 200g，葡萄糖 20g，蛋白胨 3g，磷酸二氢钾 2.0g，硫酸镁 1.0g，pH 值 6.8～7.0，水 1000ml。

培养条件：摇速 180r/min，温度 25℃，5～7 天。

2. 发酵罐制作

配方：玉米面 3%、麸皮 2%、葡萄糖 1.5%、蛋白胨 0.1%、磷酸二氢钾 0.3%、硫酸镁 0.15%，pH 值 6.8～7.0。

培养条件：温度 25℃，pH6.5，培养时间 5～7 天，灌压 0.02～0.04MPa，通气量 1:1，获得液体菌种备用。

四、栽培袋的制作

1. 培养料配方

配方一：棉籽壳 65%，麦麸 15%，豆粕 3%，玉米粉 4%，阔叶树木屑 10%，蔗糖和碳酸钙各 1%，石灰 1%，含水量 63%。

配方二：柞木屑 78%，麦麸 15%，豆粕 2%，玉米粉 5%，含水量 63%。

2. 配制方法

按上述配方，调含水量至 61%～63%，pH 为 6.5～7.0，通常在配料后直接装袋。

先将棉籽壳预湿，至含水量为 75% 左右，再把蔗糖溶于桶装的水中。在夏季预湿棉籽壳应加放 1% 的石灰，预湿后的棉籽壳不可堆放，只能摊开，以免发酸，第二天，按照配比，把预湿的棉籽壳、木屑、麦麸、糖水和碳酸钙混合搅拌均匀，把含水量调至 63%。装料应压装至料高 18cm，干重在 0.5～0.55kg。

栽培袋采用规格为 17cm×33cm×0.005cm 的高压聚丙烯塑料袋，采用装袋机分装，料中间用打孔机打一直径 1.5～2cm 的洞，以利接种时菌种块掉进洞中，使菌丝更早吃透料，从而达到缩短培养期和减少污染的目的。

袋灭菌通常采用常压灭菌，在温度下保持 15～20 小时。高压灭菌，在 121℃保持 2 小时。灭菌后在冷却室冷却（图 3-6）。

图3-6　冷却

3. 接种、培养

待菌袋温度降至常温后，移至消毒好的接种室进行无菌操作接种，1 袋栽培种可接种 30 个栽培袋，液体菌种接种量为每袋 30ml，接种后置于 25℃暗光培养。菌袋一般培养 35～40 天满袋，满包后继续培养 30～40 天（后熟）。一般菌袋料面的气生菌丝会转成褐色，是菌袋生理成熟的标志（图 3-7、图 3-8）。

图3-7　接种　　　图3-8　养菌（齐征　提供）

五、栽培设施、栽培季节及品种选择

　　选择周边环境卫生、给排水方便、通风良好、交通便利、无污染源、土地坚实的场所，温室大棚、工厂化厂房都可以用于栽培。黑皮鸡枞属高温型品种，各地根据本地气候安排生产。在山东温室大棚一般出菇时间安排在5～11月，若设施是控温的，则一年四季均可栽培。选用高产、优质、抗逆性强的优良品种，在生产中菌株表现出较强的均一性和稳定性，具有较好的商业价值。

▌第三节　黑皮鸡枞温室大棚栽培

一、温室大棚

　　温室大棚应坐北朝南，选择土壤肥沃、腐殖质含量高、团粒结构好、有水源、不积水、无污染源的田地作菇场。在温室大棚内将田地整理成宽1～1.2m、高15cm的畦床，两畦之间留宽50cm的作业道。在菇场四周开排水沟，沟深40cm。脱袋排放之前，要在畦床上撒石灰粉进行消毒（每亩75kg）。

二、准备工作

① 松土 15～20cm（颗粒 1cm 以内）。

② 温室大棚杀菌、杀虫。温室大棚先用福尔马林熏蒸，闷棚 24 小时，通风备用。

③ 照明：28W 白炽灯每间隔 6～8m 安装一盏。

④ 增降温设备安装：60cm×70cm 冷凝器每 8m 安装一台。

⑤ 准备表盘式温度计。

⑥ 温室大棚内搭建遮阳网，同时布设喷雾加湿系统。

三、摆放菌袋

桶内倒入多菌灵稀释液（50% 多菌灵，浓度 0.1%）。

把已生理成熟的黑皮鸡枞菌袋选出来，脱袋装筐后放入 300L 的方桶中浸泡 15 秒后捞出沥水。

将沥水的菌袋竖着整齐摆放在起好的洼畦内，间距 1～3cm 为宜（注意：如果做不到精细管理，不可以摆放太密，容易造成高温烧菌）。

四、覆土、浇大水、放置温度计、封棚加温

1. 覆土

把准备好的土，覆盖在菌棒上，厚度以 3～5cm 为宜（图3-9）。

图3-9　覆土

注意：菌袋摆放完毕后随即覆土，切不可隔夜覆土，因为此时菌袋脱袋后会大量损失水分，同时易感染病虫害。

2. 浇大水

浇大水至菌袋底部，整棚大通风 3～7 天，至土表面用手捏不黏手，土调成含水量约 30% 的湿土，开始松土，防止土板结（松土时应注意，既要松土到菌袋又不能破坏菌袋）。

覆土含水量控制很重要，过大会造成出菇不整齐、长根菇、死菇等现象。

3. 放置温度计

每 3 畦放置一个温度计，探头深度 10cm。统一高度悬挂，面向过道便于观看。

4. 封棚加温

加温到 22℃时开始计时，加温至 25℃时保持恒温，时间持续约 10 天。

加温时注意，不以空间温度为标准，以地温为标准，因为土壤的温度才能代表菌袋的温度。

五、催蕾

加温至 26～28℃，持续 3～5 天，降温至 25℃保持恒温，准备出菇。一般在覆土后的 20 天左右，即有大量幼蕾破土而出（图 3-10）。

为保持覆土的湿度，第一潮出菇前可喷轻水一次，以防泥土太干，保持空气相对湿度为 85%～90%。

图3-10 菇蕾

六、出菇期管理注意事项

1. 水分管理

黑皮鸡枞是典型的高温干燥后的出菇模式，第一潮出菇前尽量不浇水，需要补水时可微喷，并少量补水，保持土壤相对潮湿即可。出菇一周左右时根据实际情况可以补水 3～5cm（指土表层到菌包的表层距离）。第一潮菇休菌期补水浇水 5～10cm（水到土壤内的深度），保证菌袋补水。第二潮菇出菇后，每 5～7 天补一次水，每次补水 3～5cm。第二潮出菇管理结束后补水 3～5cm，每间隔 5～7 天补水一次，直到出菇结束。

注意：菌袋包心温度超过 28℃时禁止浇水，高温后的菌袋受冷水刺激，会产生严重缺氧的状态，不但不能降温，反而会加剧菌袋高温腐烂。

在子实体生长期间，喷水应掌握"干干湿湿"的原则，因为长期高湿菇蝇和螨虫极易繁殖，容易招虫害，长期干燥自然不利于子实体的生长。另外，喷水还应注意不要让泥土溅到子实体上影响商品价值（图 3-11、图 3-12）。

图3-11　土干

图3-12　土湿度适宜（范江涛　提供）

2. 光照管理

出菇前不需要补光，保证工作照明就可以，等到有个别菇蕾出现后开始补光，每天保证 8 小时（过少会造成菇体颜色过浅，品质差），尽量白天补光，大量出菇期管理光照增加至 10～12 小时。补光时间不宜过长，过长会加快菇帽开伞速度。保温被间留有 3～5cm 的缝隙，同时棚内配合遮阳网，也可以设置光带进行光照管理（图 3-13）。

图3-13 光照管理

3.温度管理

在整个生产过程中应注意温度的变化，及时观察温度显示情况，做好温度记录。个别点出现高温时应及时处理，以免蔓延。除了正常要求安装的温度计外，还应该做好温度抽检工作，形成子实体以前每天抽检，第一潮以后定期抽检。

4.通风管理

棚内通风，一是要看菇调整，要结合温度、湿度适当安排好通风时间和次数，减少二氧化碳浓度，避免棚内二氧化碳含量高长出细而长的菇。二是风速要缓，风速较大时菇体容易开伞降低品质。

幼菇见图 3-14，成菇见图 3-15。

图3-14 幼菇 图3-15 成菇

七、采收

采摘时掌握菌柄长5～7cm，菌盖6分成熟，不能让菌盖展平只能内卷，这样有利于包装托运（图3-16）。

单个子实体用右手的拇指与中指捏紧菌柄往上面旋拧提升拔出，注意少让泥土黏上子实体，如丛生子实体要用手把大个的与其他的分开采摘，并轻拿轻放。黑皮鸡枞生长较快，大约6小时采摘一次，一般早中晚各一次。多次采收防止木质化，保持黑皮鸡枞特有的脆感。采摘一两批后袋面土减少后要及时补土，采收期可达数月。

采收后立即放置在4℃冷却室中预冷，并用刀具削去菌柄基部，然后按标准进一步分级（图3-17）。

图3-16 采收的子实体　　　　　　　　　　图3-17 削根

分级完成的菇按照一定重量规格打包进行冷链鲜销，保藏库温度0～4℃，无光，空气相对湿度80%，一般保鲜期可达8～10天。

分级标准如下：

① 一级菇。菌柄宽15mm以上，菌盖未开伞，基部明显膨大，菌肉厚实。

② 二级菇。菌柄宽12～15mm，菌盖未开伞，基部稍膨大，

菌肉厚实。

③ 三级菇。菌柄宽 10～12mm，菌盖未开伞，基部上下同宽，菌柄伸长菌肉结实。

④ 四级菇。菌柄宽 8～10mm，菌盖未开伞，基部上下同宽，菌柄伸长。

⑤ 五级菇。菌柄宽 8mm 以下，菌盖未开伞，基部上下同宽，菌柄伸长。

⑥ 次品菇。菇体不完整，有损伤，或菌盖完全开伞等。

按照不同标准打包分级后进行贮藏与运输（图 3-18、图 3-19），全程保持 0～4℃，一般保鲜期可达 8～10 天。

图3-18　贮藏

图3-19　运输

八、病虫害防治

黑皮鸡枞是典型的中高温品种，病虫害防治是非常重要的环节。主张"以防为主，以治为辅"。主要手段是在覆土后第一次药剂防治；出菇前做一次烟雾防治；每次转潮期做一次烟雾杀虫和预防。

黑皮鸡枞的病害主要有细菌、黏菌（图 3-20）和绿霉（图 3-21）。细菌主要与袋内积水和土壤没处理好有关。黏菌主要是长期在高湿度环境下发生的，通过通风，在感染处喷多菌灵稀释液可防治。绿霉则是在黑皮鸡枞菌丝生活力较弱的情况下覆土时发生的，菌丝活力弱时搔菌和覆土都可引起感染木霉，所以要注意黑皮鸡枞接种后培养期间的温度，并确保在菌丝未老化前开袋。

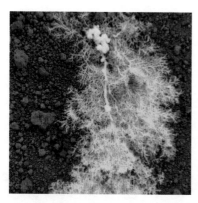

图3-20　黏菌　　　　　　　　　图3-21　绿霉

黑皮鸡枞的虫害主要有螨虫、线虫、菇蚊和菇蝇，主要靠综合防治。

首先注意环境卫生，严格进行菇房消毒。排袋前地面先喷杀虫剂和撒生石灰，栽培过程注意隔断四周的虫源，一旦发现有烂菇应及时清理掉。出菇前发现螨虫和菇蝇时分别喷施1‰的哒螨灵和杀灭菊酯等残留量较低的农药。出菇期后发现虫害，不能喷农药，应设置诱虫灯、粘虫板进行诱杀。完成出菇的菇房要及时清理废菌袋，清洗干净，彻底消毒后再投入使用。

▎第四节　黑皮鸡枞工厂化栽培

一、工厂化栽培特点

工厂化栽培在温度、湿度、二氧化碳、散光照射等方面模拟野生环境，适合周年生产。种植周期一般 55～60 天，可采摘 3～4 潮，每平方米第 1 潮可采摘 6.5kg，第 2 潮可采摘 5kg，第 3 潮可采摘 3.5kg，共 15kg，如果按 5 层计算，每平方米可出菇 75kg。

二、菇房设置

菇房宜坐北朝南，层架式栽培，设 3 排，一般 3～5 层，每排架宽 1.5m，层间距 60cm，底层距离地面 30cm，菇床两边及中间设 80cm 走道，便于操作（图 3-22）。

图3-22　菇房

三、黑皮鸡枞工厂化栽培要点

1. 摆放菌袋、覆土

将先前处理好的土壤运送至菇房内，并在每层层架床面铺垫 2～3cm 厚的土壤（图 3-23），之后将菌袋进行消毒处理，将菌袋摆放在菌床上，棒与棒之前要间隔 1～3cm，依次摆满每个层架（图 3-24）。然后将覆土填满菌棒间隙，并覆盖约 3cm 厚的土壤。待后续出菇管理。

覆土完毕后浇水，维持土壤含水量约 25%，水以到菌袋底部湿润为好（图 3-25、图 3-26）。

图3-23　铺底土

图3-24　上菌袋

图3-25　覆土

图3-26　浇水

2. 覆土后管理

覆土后土壤温度 23～27℃，空气相对湿度 80% 以上，无须光照，注意通风，15～25 天即可出现大量原基。

原基长出后，要增加喷水次数，以细喷多次为原则，且宜在早晚喷。打开灯光，光照强度为 300～500lx，根据菇帽颜色调整光照时间。控制二氧化碳浓度为 1500～2000ppm，根据菇帽大小调整二氧化碳浓度，根据覆土湿度浇水。菇蕾 6 分熟以前采收，采收完一茬养菌约 5 天进入下一潮菇的管理。

出菇情况见图 3-27 至图 3-30。

图3-27　出菇（一）（范江涛　提供）

图3-28　出菇（二）（范江涛　提供）

图3-29　出菇（三）（范江涛　提供）

图3-30　出菇（四）（范江涛　提供）

第四章
红蘑栽培

第一节 红蘑概述

红蘑中文名血红铆钉菇，是担子菌亚门，层菌纲，伞菌目，铆钉菇科，铆钉菇属，是红铆钉菇属下的成员，河北称之为肉蘑。此种蘑菇有"素肉"之称，其菌肉肥厚，肉质细嫩，风味好，营养丰富，含有蛋白质、糖类、脂肪及人体必需的氨基酸，深受人们喜爱，被视为食用菌珍品，具有极高的开发价值。它主要分布于中国河北、山西、吉林、黑龙江、辽宁、云南、西藏、广东、湖南、四川等地区，是东北地区重要的野生食用菌之一。红蘑夏秋季生长在油松、赤松纯林或阔叶混交林内树下根际地表，及松树林中地上的杂草丛林之间，与松树形成外生菌根，群生、散生或单生，是针叶树木重要的外生菌根菌，尚未见人工栽培。由于天然林资源破坏，菇场生态环境不断恶化，红蘑产量逐年降低，产品供不应求。

红蘑概述见视频 4-1。

视频 4-1

一、形态特征

子实体肉质肥厚，菌盖肉质，直径 2～4cm 或更大，钟形至圆锥形，后平展，表面紫红色，背面有菌褶，菌肉橙色，盖面湿时黏，干后有光泽，暗赤褐色。

菌柄长 5～10cm，直径 1～2cm，圆柱形且向下渐细，黄褐色，基部有纤维毛丛，中实。菌环黄褐色、绵毛状，上部往往有易消失的菌环。菌丝有隔、纤细，初期菌丝白色，老熟后常分泌黄色的色素。孢子类纺锤形，平滑，（18～20）μm×（6～7）μm；囊状体圆柱形，无色，薄壁，（100～125）μm×（10～15）μm。

子实体及菌丝体（见图 4-1 和图 4-2）。

 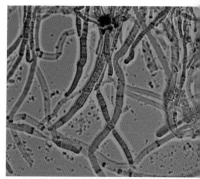

图4-1 子实体形态特征　　　　　　　　图4-2 菌丝体

二、生长环境

1. 植被

红蘑生长在油松、赤松纯林或阔叶混交林内，常伴有杂草和灌木。郁闭度或高或低，树龄在 15 年以上多有发生，通常混交林和周围灌木较茂密的地方菇潮期长且发生量大，林下地面干净无草的地方较少或没有，砍伐后的林地几乎没有发生（图 4-3）。

图4-3 植被

2. 土壤

红蘑发生地土壤表面常有落叶、杂草和灌木，地表层枯落物厚度3～10cm。腐殖土层较厚，土壤疏松湿润，透气性和保水性好。一般为棕壤土和褐土，土壤为中性偏酸。我们采野生红蘑时，会发现野生红蘑生长处的腐殖土层、松针、松塔、杂草中有大量的白色菌丝，在0～10cm土层最密集，并可以延伸至土壤30～40cm处，这些都为红蘑的生长提供营养（图4-4～图4-7）。

图4-4 松针、松塔上菌丝

图4-5 草根上菌丝

图4-6 土中菌丝

图4-7 菇根部菌丝

3. 生长季节

每年发生一季，一般 8～10 月发生，多雨年份出菇达到 4～5 潮。通常情况下，立秋之后温差变大，红蘑开始发生。在 8 月中下旬的大雨之后和连续的大温差作用下，8 月下旬末至 9 月初红蘑发生进入高峰期，多雨年份出菇达到 4～5 潮，持续时间可达 2 个月以上。其子实体发生后约 5 天散发孢子，天热时 7 天后腐烂。

4. 海拔、坡度、坡向、郁闭度对出菇影响

红蘑分布于海拔 400～1100m 的地区，一般海拔高的林地发生时期早于海拔低的林地，红蘑更喜冷凉。坡度、坡向也对红蘑的分布发生影响，一般情况下，陡坡比缓坡发生得多些，山的中、下部多于顶部。夏初和秋季阳坡发生量大，夏末和初秋阴坡发生多。郁闭度为 0.56～0.8 的位置。

5. 共生关系

红蘑生长在黑松或赤松林下，其繁殖是靠成熟孢子落地后萌发的菌丝体与油松、赤松的须根有机结合逐渐形成共生菌根。菌丝体通过树木根系获得营养，树木则通过共生菌根吸收所需养分。在土壤和环境的温度、湿度适宜条件下，发育成子实体。

三、采摘

在采收红蘑过程中，应根据其生长特点进行。其和松树是共生关系，松树为红蘑提供生长环境，每年出菇的区域基本相似。蘑菇是成圈、成片分布的，这点在采摘时应注意。红蘑不一定正好在树下，松树根能生长到的地方，都可能有红蘑。红蘑耐寒，天冷时也可采到，一般能出到 11 月中下旬。另外，笔者发现红蘑和松蘑可以一起生长，如图 4-8，中间是红蘑，其余是松蘑。采摘的红蘑见图 4-9。

四、发展红蘑的一些建议

① 合理采摘。农民采用"掠夺式"采摘，在很大程度上造成

了现有红蘑资源的浪费。建议有关部门对产红蘑的主要山场进行统一管理，组织人员在出菇季节，根据菇潮发生的实际情况，按菇的大小及成熟程度，进行分批、适时采摘。

图4-8　红蘑和松蘑一起生长

图4-9　采摘的红蘑

②　人工促进自然繁育。应努力使红蘑这一名贵食用菌由野生自然采集逐步过渡到半人工栽培生产，进而能够人工栽培。

③　开展深度加工。对菇中的药用成分进行分析、提取，加工成食品、饮料和保健品等，进一步发挥红蘑的名特优势。

┃ 第二节　菌种分离、制作

菌种分离、制作见视频 4-2。

一、菌种分离

选择长势好、菇形完整、中等到偏大，肉厚，孢子未弹射，无病虫害的子实体（图 4-10），在无菌环境进行组织分离。

视频 4-2

（1）培养基制作　培养基为PDA松树针培养基。

配方为：马铃薯200g，松树针100g，葡萄糖20g，琼脂18～20g，磷酸二氢钾3g，硫酸镁1.5g，水1000ml。将培养基装到500ml三角瓶中（每瓶装入200ml），115℃灭菌30min后在无菌条件下将培养基倒入平皿中（每个平皿约20ml），冷却备用。

（2）消毒　菇面用75%酒精棉球擦拭消毒（图4-11），然后放在灭好菌的平皿中。

图4-10　选子实体　　　　　　图4-11　消毒

（3）切取组织块（菌肉）　用手术刀切开种菇（图4-12），在菌盖或菌柄内侧用无菌手术刀或尖嘴镊子取1cm见方组织块（菌肉）接于培养皿培养基上（图4-13），然后用封口膜封口。

图4-12　切种菇　　　　　　　图4-13　接种

（4）培养　温箱 22℃恒温培养，5～7 天后组织块萌发，待菌落长到 2cm，用接种针选取最优菌落的先端菌丝接入新培养基上，放在 22℃恒温箱内继续培养 5～7 天后得到红蘑菌种（图 4-14）。

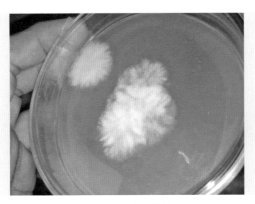

图4-14　菌丝培养

（5）菌种分离过程中注意的问题　要选好种菇，不应选用有虫害（图 4-15）、菇体开伞老化（图 4-16）、含水量过大的菇，否则很难成活。最好是选未开伞的幼菇（图 4-17），生命力强不易感染杂菌。

图4-15　虫菇

图4-16　开伞菇

图4-17　幼菇

笔者发现菇体的菇盖菌肉不如菇根部组织块萌发力强，特别是菇根下部黄色部分（图 4-18），很容易分离成功。

图4-18　菌柄下部黄色

（6）菌种的保存　在 4℃的冰箱中保存。

二、菌种的制作

1. 母种制作

（1）配方　马铃薯 200g，葡萄糖 20g，蛋白胨 3g，琼脂 18～20g，磷酸二氢钾 3g，硫酸镁 1.5g，pH6.5～7.0，水 1000ml。

（2）按常规制备、灭菌、将原始母种转接后，在温箱中 25℃避光培养 5～7 天。

2. 摇瓶制液体菌种的制作

（1）培养基配方　马铃薯 200g，葡萄糖 20g，蛋白胨 5g，磷酸二氢钾 2.0g，硫酸镁 1.0g，维生素 B_1 1 片，pH 值 6.8～7.0，水 1000ml。

（2）制作培养基　将培养液分装入三角瓶中，500ml 锥形瓶内装 150ml 培养液，每瓶加 10 个玻璃珠，然后用 12 层纱布外加一层牛皮纸封口。

（3）灭菌、冷却　121℃，维持 30min，取出三角瓶放在超净工作台中冷却，紫外线消毒（图4-19）。

（4）摇瓶接种　选取新培养好的试管斜面菌种1支，在无菌条件下每瓶迅速接入2～3cm² 的母种一块，每只母种可接5个摇瓶（图4-20）。

图4-19　紫外线消毒

图4-20　母种

（5）培养　接种好的菌种瓶可置于摇床上培养，也可置于22℃恒温下静置培养48h后，确保无杂菌、气生菌丝延伸到培养液中再放在摇床上进行培养。旋转式摇床的转速为180r/min，培养温度22℃，一般培养9天，菌丝球均匀地布满透明的橙黄色营养液中，此时停止培养。时间过长，10天以后菌丝已基本老化，变成红褐色。培养3天、5天、7天、8天、9天、10天的液体菌种见图4-21至图4-26。

图4-21　培养3天

图4-22　培养5天

图4-23　培养7天

图4-24　培养8天

图4-25　培养9天

图4-26　培养10天

　　在液体菌种的制作过程中，考虑到一些偏远地区由于条件限制，没有摇床设备，可采用静置培养法进行培养，具体方法如下：将接入菌种的培养基静置在培养室内，培养温度22℃，暗光。初期菌丝萌发生长，在液体表面形成淡黄色菌皮（图4-27），后期形成黄色菌皮（图4-28），在菌皮下面有大量菌丝体。

图4-27 初期淡黄色菌皮

图4-28 后期黄色菌皮

3.原种、栽培种生产

原种常用750ml的标准菌种瓶，栽培种一般选用17cm长，33cm宽，0.004cm厚的聚丙烯袋。原种配方：麦粒98%，碳酸钙1%，蔗糖1%，pH6.5～7.0，含水量55%。栽培种配方：棉籽壳78%，麦麸18%，石灰2%，石膏1%，蔗糖1%，pH值6.5～7.0，含水量60%。

（1）原种生产方法　按常规方法灭菌冷却后在无菌条件下接入母种，22℃条件下暗光培养，一般25～30天可长满（图4-29）。

图4-29 原种

图4-30 长满袋

（2）栽培种生产方法　在无菌条件下，每个栽培袋接入液体菌种 50ml 或原种，放入培养室，在 22℃条件下暗光培养。一般情况下培养基长满需要 25～30 天（图 4-30）。

▌第三节　红蘑栽培试验

栽培试验见视频 4-3。

视频 4-3

一、室内栽培试验

1. 接菌培养

（1）采用稻壳为基质，接菌培养　配方：稻壳 86%，麸皮 10%，糖 1%，石膏 1%，石灰 2%，pH6.5～7.0，含水量 60%。按常规方法拌料、装盆、灭菌、冷却接种后在 22℃条件下暗光培养，培养过程中要适度通风，一般 15 天长满（图 4-31～图 4-34）。

（2）采用松树皮为基质，接菌培养　配方：松树皮 86%，麸皮 10%，糖 1%，石膏 1%，石灰 2%，pH6.5～7.0，含水量 60%。按常规方法拌料、装盆、灭菌、冷却接种后在 22℃条件下暗光培养，培养过程中要适度通风，一般 20 天长满（图 4-35～图 4-40）。

图4-31　装盆

图4-32　接菌

图4-33 养菌

图4-34 长满菌丝的稻壳

图4-35 松树皮

图4-36 加辅料

图4-37 装盆

图4-38 接种

图4-39　前期白色菌丝　　　　　图4-40　后期菌丝变黄

（3）采用松木屑为基质，接菌培养　　配方：松木屑86%，麸皮10%，糖1%，石膏1%，石灰2%，pH6.5～7.0，含水量60%。按常规方法拌料、装盆、灭菌、冷却接种后在22℃条件下暗光培养，培养过程中要适度通风，一般30天长满（图4-41、图4-42）。

图4-41　装盆　　　　　　　　　图4-42　培养好种菌块

2.覆土

首先在筐底部放遮阳网，这样处理能在播种后透气性好，防止筐底积水。接下来，在筐内放入15cm厚的松土，并在筐中松土上放入培养好的菌种块，为了增加筐内菌丝量，除放入1个菌种块外

（图 4-43），还可在部分筐内放入 3 个、6 个菌种块（图 4-44、图 4-45），然后覆土 3cm 即可（图 4-46）。

菌丝爬土后生长情况见图 4-47 和图 4-48。

图4-43　1个菌种块

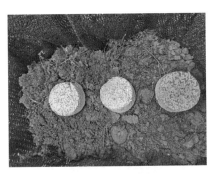

图4-44　3个菌种块

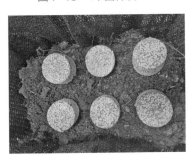

图4-45　6个菌种块

图4-46　覆土

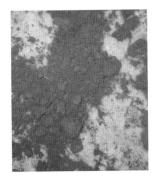

图4-47　菌丝爬土

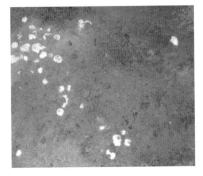

图4-48　菌丝扭结

通过覆土栽培试验，发现在室内条件下菌丝虽能扭结，但未能形成子实体。今后可尝试用类似羊肚菌栽培中的营养包，为红蘑菌丝提供营养，进而促进子实体的发生。

3. 种植小麦苗

将培养好的菌块覆土后在土层种植小麦苗，进行出菇试验。麦苗生长整体情况见图4-49，红蘑菌丝生长情况见图4-50。

图4-49 麦苗生长整体情况

图4-50 菌丝生长情况

菌丝和麦苗可共同生长，存在相互提供营养的可能性，麦苗还有遮阳作用。但未能形成子实体。

4. 移植法栽培红蘑

在发生红蘑的蘑菇圈中，选取长势好的子实体，以它为中心，挖出 10～15cm 见方、带有大量菌根的土块，放入栽培室内（图4-51），进行管理。虽然红蘑也能生长，但不如在野生条件生长的效果好。

图4-51　室内模仿野生栽培

二、室外栽培试验

1. 播种

播种可以用液体菌种、固体菌种，介绍如下。

（1）液体菌种播种　将摇瓶内液体菌种加入水稀释1倍，倒入5L的纯净水大瓶内，摇匀后播种（图4-52）。

具体操作：将液体菌种播在林下松土上，并盖上松针、松土保湿。液体菌种具有流动性，播种后液体菌种可以渗透到松土下面，均匀地分布到松土中。

图4-52　液体菌种

（2）固体菌种播种　将固体菌种装入泡沫箱内，备用。播种时将菌种撒在林下松土上，并盖上松针、松土保湿即可（图4-53～图4-58）。

图4-53　装入泡沫箱内

图4-54　准备接种的固体菌种

图4-55　播种（一）

图4-56　播种（二）

图4-57　播种（三）

图4-58　播种（四）

2. 出菇情况

下面具体介绍一下菌种播种、菌种生长和出菇情况。

（1）选择从来没有出菇的地方，在松树下播种（图4-59、图4-60）。

菌种生长情况见图4-61至图4-64。

出菇情况是，在野外播种菌块周围有红蘑长出，且数量较多（图4-65）。此处之前并没有红蘑长出，播种后才有红蘑生长，说明红蘑林内播种是可行的。

观察红蘑生长情况，见图4-66至图4-69。

图4-59 松树下播种（一）

图4-60 松树下播种（二）

图4-61 萌发

图4-62 生长

图4-63 茸毛状菌丝

图4-64 索状菌丝

图4-65 出菇

图4-66 第一天

图4-67 第二天

图4-68　第三天

图4-69　幼菇及土内菌丝

（2）播种选在没有出过菇，在松树下面能避风、避雨的地方，类似"水帘洞"的地方（图4-70～图4-73）。

图4-70　避风、避雨处

图4-71　挖土

图4-72　播种

图4-73　菌种萌发

出菇见图 4-74 至图 4-76。

图4-74 标记出菇位置

图4-75 出菇环境（20℃）

图4-76 出菇

（3）在树根部播种，见图 4-77 至图 4-80。

图4-77 挖土

图4-78 树根处播种（一）

图4-79 树根处播种（二） 　　 图4-80 树根处播种（三）

　　出菇情况是，从10月12日开始观察其生长情况，发现红蘑能正常生长，10月24日成熟采摘。红蘑的生长和松木及松土有一定关系。

　　10月12日是个小菇蕾，10月15日菌盖2.205cm，10月17日菌盖2.410cm，10月21日菌盖3.026cm，10月24日菌盖3.709cm。由于此时已经是晚秋，菇体生长慢，从10月12日发现，到10月24日成熟经历了12天（图4-81～图4-90）。

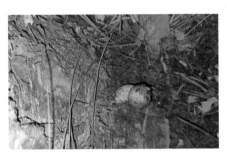

图4-81 10月12日形态

图4-82 10月15日形态 　　 图4-83 10月15日尺寸（2.205cm）

图4-84 10月17日形态

图4-85 10月17日尺寸（2.410cm）

图4-86 10月21日形态（12℃）

图4-87 10月21日尺寸（3.026cm）

图4-88 10月24日形态

图4-89 10月24日尺寸（3.709cm）

图4-90　10月24日采收

　　采收时发现菇根部有白色的菌丝，菌丝下面是松树皮、松土，菌丝可以从松树皮、松土吸收营养，然后传给红蘑，供其生长。

　　（4）红蘑是耐寒性蘑菇，下雪后在播种处还能捡到蘑菇，见图4-91至图4-93，图中土壤内温度4℃，地表温度6℃。

图4-91　出菇温度

图4-92　雪中红蘑

图4-93　出菇下面菌种

第五章
雷窝子栽培

第一节 雷窝子概述

雷窝子，学名四孢蘑菇，属于真菌界，伞菌目，蘑菇科，蘑菇属，是珍贵的稀有食用菌之一，分布于东北、华北地区等地区，可食用。秋季单生或散生于林中地上，覆土是出菇的必要条件。其味道鲜美，营养丰富，肉质滑嫩，深受消费者喜爱。它的口感独特，带有浓郁的鲜香味道，有嚼劲。

雷窝子概述见视频 5-1。

视频 5-1

一、形态特征

菌盖直径 4～9cm（图 5-1），污白色，初期半球形，后渐平展，中部具有黄褐色或浅褐色的平伏鳞片，向边缘逐渐稀少。菌肉白色，较厚，伤后稍变暗红色。菌褶离生，即菌褶不与菌柄相连（图 5-2），初期灰白色（图 5-3）、粉红色（图 5-4），后期逐渐变为褐色至黑褐色（图 5-5），较密，不等长。

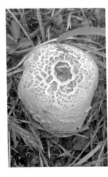

图5-1 菌盖

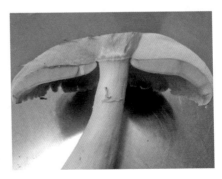

图5-2 菌褶离生

图5-3　菌褶灰白色　　图5-4　菌褶变粉红色　　图5-5　菌褶变褐

　　菌柄长5～6.5cm（图5-6），直径8～12mm，白色，中实到中空；菌环以下具有白色鳞片，渐变褐色，后期脱落；基部膨大，具短小假根（图5-7），伤后变浅黄色。

图5-6　菌柄　　　　　　　图5-7　假根

　　菌环单层（图5-8），白色，膜质，较易脱落，生于菌柄上部。孢子印深褐色。孢子（6.5～8.0）μm×（4.5～5.5）μm，椭圆形，光滑，褐色。褶缘囊体稀少，无色，呈棒状，有时略高于担子，（22～33）μm×（8～12.5）μm。

图5-8　菌环

二、如何采摘雷窝子

　　雷窝子蘑菇生长在枯叶、泥土或树皮下，一般在雨季或初秋采摘。采摘时应选择外形完整、菌盖和菌柄的颜色一致、没有腐烂和虫蛀的蘑菇。采摘后应立即分拣，除去表面上的杂质和叶片，放置在通风干燥处晾干或冷藏保存。

▌ 第二节　雷窝子菌种分离、生产

一、菌种分离

　　从采回来的雷窝子中，选择长势好、菇形完整、中等到偏大，肉厚，孢子未弹射，无病虫害的子实体（图5-9），在无菌环境进行组织分离。组织分离培养基为 PDA，将培养基装入试管中灭菌冷却后备用。菇面用 75% 酒精棉球擦拭消毒，用手术刀切开种菇（图5-10），在菌柄内侧用接种钩取 1cm 见方菌肉接于试管培养基上（图5-11）。将试管放入 25℃恒温培养箱中，2 天组织块可萌发出白色菌丝，继续生长 2 天，挑取生长健壮菌丝尖端接到试管中，菌丝满管后备用。

图5-9　种菇

图5-10　切开的种菇

图5-11 菌肉接于试管中

二、菌种制作

1. 母种制作

（1）配方 马铃薯 200g，葡萄糖 20g，蛋白胨 3g，琼脂 18～20g，磷酸二氢钾 3g，硫酸镁 1.5g，pH6.5～7.0，水 1000ml。

（2）按常规制备、灭菌、将原始母种转接后，在温箱中 25℃避光培养 8～10 天。

2. 原种、栽培种制作

（1）原种及栽培种主要配方 木屑培养基：阔叶木屑 78%，麸皮 20%，糖 1%，石膏 1%，pH 值 6.5～7.0，含水量 60%～65%。

玉米芯培养基：玉米芯 78%，麸皮 20%，糖 1%，石膏 1%，pH 值 6.5～7.0，含水量 60%～65%。

（2）生产方法 原种常用 750ml 菌种瓶，栽培种常用 17cm 长，33cm 宽，0.005cm 厚的聚丙烯袋。按常规方法灭菌冷却后在无菌条件下接种。接种后的菌瓶放入清洁培养室培养，培养温度 25℃，空气湿度 40%～50%，每天通风换气 2～3 次，每次 30 分钟。正常条件下，一般 30～40 天可长满（图 5-12、图 5-13）。

图5-12　原种

图5-13　栽培种

三、栽培袋制作

1. 栽培袋配方

配方一：玉米芯81%，麸皮15%，糖1%，石膏1%，石灰2%，pH6.5～7.0，含水量60%～65%。

配方二：玉米秸秆77%，麸皮18%，糖1%，石膏1%，石灰3%，pH6.5～7.0，含水量60%～65%。

配方三：杨树叶76%，麸皮20%，糖1%，石膏1%，石灰2%，pH6.5～7.0，含水量60%～65%。

配方四：整个玉米芯78%（用2%的石灰浸泡一天），麸皮20%，糖1%，石膏1%，pH6.5～7.0，含水量60%～65%。

2. 制作方法

不同的培养料制作方法不一样，玉米芯可直接拌料、灭菌、接种、培养。玉米秸秆或杨树叶发酵后接种、培养。整个玉米棒需要用2%的石灰浸泡一天，再拌料、灭菌、接种、培养。在25℃条件下暗光培养。菌丝一般30～40天即可长满。

① 玉米芯直接拌料、装袋（17cm×33cm×0.005cm聚丙烯塑料袋）、灭菌、接菌、培养即可，具体过程参照栽培种的制作（图5-14、图5-15）。

图5-14 培养好的菌袋

图5-15 准备栽培的菌块

② 玉米秸秆或杨树叶发酵具体方法如下。将玉米秸秆或杨树叶、麸皮加水充分拌匀，含水量65%，pH9～10。堆宽1.5～2.0m、高0.8～1.0m、长不限的堆。当料温65℃维持12小时后翻堆，如此翻堆2次，一般5～7天即可（图5-16）。

图5-16 玉米秸秆发酵

玉米秸秆发酵料装袋、接种、培养见图5-17至图5-20。
玉米秸秆发酵料装盆、接种、培养见图5-21至图5-25。

图5-17 装袋

图5-18 接种

图5-19 发菌

图5-20 发好菌的菌袋

图5-21 装盆

图5-22 接种

图5-23 菌萌发

图5-24 培养

图5-25 玉米秸秆
长满菌丝

③ 发好菌的杨树叶见图 5-26。

图5-26 杨树叶长满菌丝

④ 整个玉米棒装袋、接种、培养见图 5-27 至图 5-32。

图5-27 玉米芯加石灰

图5-28 石灰水浸泡24小时

图5-29　捞出沥水

图5-30　装袋灭菌

图5-31　菌丝长满袋

图5-32　菌丝生长情况

▍ 第三节　雷窝子栽培管理

雷窝子可以在室内栽培，也可在树林中栽培。

一、室内栽培

1. 菌袋脱袋、覆土

将培养好的栽培袋脱袋后，将长好的菌块放入菌种筐内压实。采用菜园土为覆土原料，加入 2% 石灰，并喷水使土含水量达到

20%（即手握成团、落地即散）。将调好水的土均匀地撒在料面上，厚度3cm，进行出菇管理。为了保持料面湿度，在土层表面覆盖一层杨树叶或松针保湿，效果很好（图5-33～图5-36）。

图5-33　（玉米芯）菌装筐

图5-34　（杨树叶）菌装筐

图5-35　覆土

图5-36　覆盖杨树叶

2. 菌丝爬土

菌丝爬土时温室温度保持在20～22℃，空气相对湿度保持在60%～70%，保持室内空气新鲜，在这种情况下，菌丝5～7天可爬到土面（图5-37）。

图5-37 菌丝爬土

3. 出菇管理

俗话说"三分种，七分管"，出菇管理尤为重要。在管理上要注意温、水、光、气的综合运用，特别注意科学用水，适度通风。出菇管理一般 40～50 天，可采 2 潮菇，生物学效率可达 30%。从现蕾到成熟需要 7～8 天，根据子实体的不同阶段，具体管理如下。

（1）催菇、幼蕾期管理 菌丝爬土后进行催菇管理，此时加大温差，使早晚温差达到 7～8℃，温度保持在 15～25℃，湿度保持 80%～90%，一般菌丝爬土后 5～7 天可见菌丝扭结变粗（图5-38），形成索状菌丝（图 5-39），7～10 天菌丝扭结形成子实体原基形状（图 5-40）。

图5-38 菌丝变粗

图5-39 索状菌丝

图5-40 幼蕾

形成幼蕾后，温度保持在18～22℃，湿度85%～90%，通风适中、保持空气新鲜，散射光。幼蕾期千万不可有强风骤然吹进，更不可温差过大，以免幼蕾萎缩死亡。

幼蕾期假根见图5-41、图5-42。

图5-41　单个蘑菇假根

图5-42　连接小菇蕾的菇根

(2) 幼菇期　较之幼蕾期，该阶段可适当放宽条件。温度15～22℃，湿度85%～90%，适当加强通风，散射光，不能有强光，否则容易引起菇体表面的鳞片明显增多，影响商品外观。幼菇期第一天至第三天见图5-43至图5-45。

图5-43　幼菇期第一天

图5-44　幼菇期第二天

图5-45　幼菇期第三天

幼菇期假根见图 5-46 至图 5-48。

图5-46 幼菇期假根(一)　　图5-47 幼菇期假根(二)　　图5-48 幼菇期假根(三)

(3) 成菇期　成菇期要适当降低温度,这样可以延迟菇体开伞,使菇肉厚实。温度可保持在 15～18℃,空气湿度 85%～99%,散射光。温度过高,子实体容易早熟、开伞,光照过强,菌盖表层产生龟裂成"花菇",影响商品质量(图 5-49、图 5-50)。

图5-49 成菇　　　　　　　　图5-50 成菇假根

(4) 采收期　当菇体结实、菌盖紧包菌柄,菌膜未破裂时采收(图 5-51～图 5-53)。采收晚,菌盖呈伞状(图 5-54),菌褶变黑(图 5-55),严重时菌褶变黑呈墨汁状。采收前不喷水,以免影响保鲜期。采收时手持菌柄下部,轻轻旋转拔起,并清除病菇、菇根。采菇后，菌床上缺土处及时补土，停水 2～3 天，适度通风，待菌丝恢复生长时再喷水催蕾开始下潮菇管理，下潮菇出菇方法参照头潮菇。一共可采收 2 潮菇，生物学效率可达 50%。

图5-51 采收子实体

图5-52 菌膜未破裂

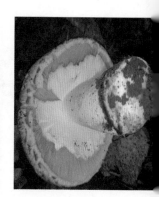
图5-53 菌膜破裂

图5-54 菌盖呈伞状

图5-55 菌褶变黑

在栽培管理中，如发现地耳（图 5-56）和鬼伞（图 5-57）要及时拔除，避免大量发生。

图5-56 地耳

图5-57 鬼伞

二、树林栽培

1. 人工风景区栽培

在人工风景区种植，将长好的菌块埋在树林下，覆土 3cm 后浇水保持土壤湿润。为了保持料面湿度，在土层表面覆盖一层杨树叶保湿（图 5-58、图 5-59）。人们在旅游的同时，可以进行采摘，增加了旅游者的兴趣。

图5-58 埋菌袋

图5-59 观察菌丝生长情况

2. 林场栽培

林下的遮阳度、空气及土壤的湿度适合大雷窝子生长。林下的腐殖质可以为雷窝子的生长提供所需营养物质，而菌丝、子实体进行呼吸作用产生的二氧化碳又可以促进林木的光合作用，采菇后的培养基剩余物又可以作为有机肥料促进树木生长。因此，在林下种植雷窝子既能充分利用我国广阔的林地资源又能创利增收（图5-60～图5-72）。

图5-60 菌种

图5-61 林场

图5-62 埋菌种

图5-63 观察菌丝生长

图5-64　幼菇

图5-65　幼菇的菌根

图5-66　出菇（一）

图5-67　出菇（二）

图5-68　出菇（三）

图5-69　从小到大的不同菇体

图5-70　采收的蘑菇（一）

图5-71　假根

图5-72　采收的蘑菇（二）

第六章
金耳栽培

金耳又名黄金银耳，橘色，属担子菌亚门，层菌纲，银耳目，银耳科，银耳属。其主要分布在四川、云南、湖北、福建等地区，高山栎或高山刺栎等树干上散生或聚生。金耳在清代同治以前就已享有盛名，20世纪30年代就被视为珍贵滋补品并出口，是名副其实的"软黄金"，被称为"菌中燕窝"。其产量高（每千克干料可产鲜耳1kg），种植周期短（出耳期2个月），价格高（鲜品每千克60元），可椴木栽培、瓶栽、袋栽。近几年来，由于国内需求增加，生产规模逐渐扩大，发展前景广阔。

金耳栽培见视频6-1。

视频 6-1

▌第一节　金耳概述

一、形态特征

金耳子实体呈半球形至不定型块状，全体呈脑状至分裂为数个具深沟槽而粗厚的裂瓣，直径3～12cm，高2～8cm（图6-1）。其基部狭窄，干后收缩，基本保持原状。鲜时表面光滑，橙黄色至橘红色，干后橙黄色至金黄色。内部异型组织，外层胶质，内层微

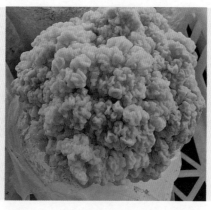

图6-1　金耳形态特征（范江涛　提供）

白色肉质纤维状，宽窄不一，可从基部分枝直达顶部，瓣片内实，偶有中空，在新鲜子实体中更明显。担孢子球形至广卵形，近似无色，成堆时黄色。分生孢子梗瓶状，具簇生的芽殖分生孢子，分生孢子圆形或椭圆形。

二、生长发育条件

1. 营养

金耳虽然是木腐菌，但本身不具备分解纤维素的能力，在纯培养时只能利用各种单糖和一些简单的糖类作为碳源；能以酵母汁、麦芽糖芽汁、玉米汁等有机氮和铵盐及硝盐等无机氮为氮源，不能直接利用脲。而粗毛韧革菌（也称毛韧革菌）能利用更广泛的碳源、氮源，培养基质的木质纤维素须先经毛韧革菌分解成简单的糖类，才能被金耳菌丝利用。

2. 温度

金耳为中温偏低型菌类。菌丝生长温度范围在 $6 \sim 30℃$，生长适温 $19 \sim 23℃$。低于 $6℃$，菌丝生长极为缓慢细弱呈灰白色；$35℃$ 时停止生长，2 天以上易致死亡。子实体生长发育适宜温度为 $19 \sim 23℃$，温度过低时生长缓慢。在 $13 \sim 19℃$ 范围内可抑制毛韧革菌丝的生长，对金耳子实体的分化发育有利。

3. 湿度

金耳菌丝生长基质适宜含水量为 $55\% \sim 60\%$。低于 55% 菌丝生长弱无力，超过 70% 菌丝呈菌索状稀疏生长。在子实体生长阶段，空气相对湿度要求在 $80\% \sim 90\%$。低于 80%，子实体生长缓慢，局部干缩，易使子实体畸形；高于 90%，子实体虽能正常生长，但易受细菌和霉的沙染，引起烂耳。子实体抗旱能力较强，在干湿交替的管理条件下，可使其生长健壮。

4. 光照

菌丝生长阶段对光照无严格要求，在完全黑暗条件下菌丝能正常生长。子实体形成初期有 $80 \sim 120lx$ 的散射光较好，在黑暗条件下也能分化和生长，但适宜的光照是金耳转色所必须具备的条件，中后期的光照强度要达到 200～1200lx，对转色有利。

5. 空气

栽培场所要保持良好通风换气的条件，利于供给充足的氧气。菌丝生长初期，对氧的需求不太敏感，但随着培养时间的延长，菌丝量的增加，对氧的需要量逐渐增多。在子实体分化生长期间，要供给充分氧气，可使子实体生长迅速，朵大，色鲜，充足的氧气是子实体正常开瓣和转色的必要条件。在氧气供应不足时，毛韧革菌菌丝生长迅速，对金耳子实体发育有抑制作用。

6. 酸碱度

菌丝生长 pH 为 5.0～8.0，最适 pH 为 5.5～6.5。pH 值高于 7.5～8.5 长势变差，在 4.5 时长速显著降低。培养基过碱或过酸都不利于菌丝生长和子实体形成。

▌ 第二节　金耳的菌种生产

一、分离方法和母种培养

1. 培养基

用 PDA 培养基进行培养。

2. 分离方法

最常用的分离方法是组织分离法。用组织分离法得到金耳和毛韧革菌（俗称耳友菌）的混合菌种，不再进行混合培养。如用耳木分离法，可能导致获得的菌种通常为只生长毛韧革菌的无效菌种。若继续采用这些无效菌种进行大规模栽培，将会出现金耳子实体无法生长或只生长毛韧革菌的情况。

选种耳要求大小适当，色泽正常，无病虫害，尤以幼耳为佳。将鲜耳用 75% 酒精进行表面消毒，用无菌刀切开后，从内外层交接处挖取一块黄豆粒大小的组织，接种到斜面培养基的中央。然后将试管置 19～23℃下培养，菌丝初期白色，渐变为淡黄色或黄棕色，7～10 天菌丝在斜面长满（图 6-2）。菌丝长到一定阶段，可在其表面形成豆粒大的小子实体。置于 0～4℃冰箱内保存。

图6-2　金耳母种

二、原种培养

1. 培养基

阔叶树木屑 78%，麦麸 20%，蔗糖 1%，石膏粉 1%。

上述培养基调节含水量为 60%，pH6，装瓶（750ml 菌种瓶），在 0.15MPa 灭菌 1.5h，冷却后接种。

2. 接种培养

每支母种可接种 3 瓶原种，接种块上必须同时含有金耳菌丝和毛韧革菌菌丝，最好是含有已分化的胶质化金耳原基。接种后，将菌种瓶置于 19～23℃温度下培养。2 天后，接种块上菌丝萌发，第 3 天开始吃料，1 周后培养基表面已覆盖一薄层菌丝，约 20 天菌丝在瓶内长满。接种后 35～40 天能形成金耳子实体的原种为有效菌种（图 6-3）。

图6-3　原种

三、栽培种培养

栽培种培养基、灭菌方法、培养方法参考原种，装袋时用17cm×33cm×0.005cm聚丙烯袋装料。接种时必须挖取原种金耳子实体组织一小块（1.5～2cm）和下方的培养料同时接种到栽培种的料面（如果去掉子实体，只接种木屑培养基则成功率低），19～23℃条件下，25～30天菌丝长满袋。

四、液体菌种制作

1. 摇瓶制作要点

培养基配方：马铃薯200g，葡萄糖20g，蛋白胨3g，磷酸二氢钾2.0g，硫酸镁1.0g，pH值6.8～7.0，水1000ml。

按常规方法灭菌、接种，培养条件：转速160r/min，温度22℃，培养5～7天（图6-4）。

2. 发酵罐制作

配方：玉米面2%、麸皮2%、葡萄糖2%、蛋白胨0.1%、磷酸二氢钾0.3%、硫酸镁0.15%，pH值6.8～7.0。

按常规方法灭菌、接种。培养条件：温度22℃，pH6.5，培养时间5天，灌压0.02～0.04MPa，通气量1∶1，获得液体菌种备用。菌丝微观观察见图6-5。

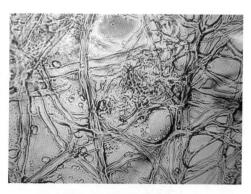

图6-4 摇瓶液体菌种　　　　　图6-5 菌丝微观观察

▍ 第三节 金耳出菇袋制作和出耳管理

金耳一般在温室栽培，每年 2 个生产周期，每个生产周期 60～70 天。第一季安排在 9 月中旬至 12 月中旬，第二季安排在 12 月下旬至翌年 3 月中旬。工厂化则使用智能菇房，不受季节限制。下面以袋栽为例介绍一下出菇袋制作和出菇管理技术要点。

一、出菇袋制作

1. 配方、装袋、灭菌

（1）配方

① 棉籽壳 64%，木屑 20%，石膏 1%，麦麸 12%，豆粕 2%，碳酸钙 1%，糖 0.5%。

② 阔叶树木屑 58%，棉籽壳 20%，蔗糖 1%，石膏粉 1%。

③ 阔叶树木屑 78%，麦麸 20%，蔗糖 1%，石膏粉 1%。

以上培养料配方，调含水量在 60%～65%，pH6～6.5。

（2）袋规格 长袋规格为 15cm×58cm×0.005cm，短袋规格为 17cm×33cm×0.005cm（装袋时可将菌袋窝口，也可用双套环）。

（3）装袋机装料后，进行常压灭菌冷却后至室温。

2. 打孔接种

（1）固体菌种接种 待菌棒温度降至 25℃以下就可以打孔接种。接种时边打孔，边接种，边贴透气密封条。在每个菌棒同一平面上等距打 3～4 个孔（长袋）、打 2 个孔（短袋），孔径 1.5～2cm，孔深 2～3cm。接种时在孔穴底部先接种一块革菌菌丝的木屑菌块，然后在距离穴口 1.5～2cm 处再接种一块木屑菌种，最后在上面投放一块金耳子实体组织块，约 1cm 大小，耳块的碎屑也可放入接种穴内，然后贴上透气密封条。

（2）液体菌种接种 待菌棒温度降至 25℃以下用注射器（图

6-6）或接种枪接种（图 6-7），每孔 2～3ml，接种后贴上透气密封条（图 6-8）。

图6-6 注射器接种

图6-7 接种枪接种

图6-8 贴透气密封条

3. 发菌阶段管理

　　将室温控制在 19～23℃，相对湿度在 55%～60%，适度通风，每天通风 2 次，每次 30 分钟。在正常情况下，4～5 天后，接种块开始萌发定植，菌丝向料内蔓延生长（图 6-9）。一般 20～25 天，菌丝可在袋内长满。

图6-9　菌种萌发生长

二、出耳管理

1.促进原基形成

　　菌袋长满后，将菌袋摆放在出菇室层架上或网架上。菌丝长满5～7天后，部分料面会产生白色或黄白相间的菌膜，并有黄色分泌物出现。这时应降温（白天温度20～22℃，夜晚温度10～12℃，可促进原基形成），抑制粗毛韧革菌发生，开门窗通风，同时将空气相对湿度提高到85%（增加空间湿度，不能往原基上喷水），光照强度控制在80～150lx，使接入种块尽快形成脑状子实体原基（图6-10、图6-11）。

图6-10　原基（长袋）

图6-11　原基（短袋）

2. 揭去封口膜、菌袋开口

（1）揭去封口膜（固体菌种接种）　原基形成后，控制温度在18～24℃，空气相对湿度在85%，促进子实体原基增大。当从组织块长出的金耳已突出于孔穴时，要及时揭开封口膜一角，随着子实体长大可将封口膜隆起、揭掉，在耳袋上盖一层干净或灭菌过的报纸（湿巾）保湿遮光。

（2）菌袋开口（液体菌种或注射器接种）　幼耳直径长到1～2cm 大小时，要划膜扩口用消毒刀片在耳牙周围环割一圈，划掉的塑料膜暂时不用拿掉，等菇芽将其顶开后再统一去掉。使穴口直径扩大到4～5cm（菌袋开口要注意刀不要划得太深，不要伤到耳牙，手不能碰掉耳牙，小耳牙暂时不要开，长大后再开口）。

开口后不能大通风，向地面浇水和向空中喷雾（不能直接向幼耳喷水，防扩孔后伤口积水感染杂菌），应保持湿度达 85% 左右，防止原基失水干枯开裂，若保湿困难也可开孔后盖地膜或盖报纸喷水保湿。

3. 幼耳生长

开口后约 10 天，幼耳在适温（22～23℃）、适湿（85%～90%）和通风良好、光照充足（控制光照强度在 400～600lx，每天保持散射光照约 2 小时）的条件下，子实体直径可达 6cm 以上，逐渐从白色（图 6-12）转变成淡黄色（图 6-13）。此时切忌强光直射，光照强度大易造成袋内水分过度蒸发，子实体缺水紧缩。

图6-12　白色　　　　　　　　图6-13　淡黄色

4. 成耳生长

随着幼耳的长大，其色泽也随之逐渐加深为橙黄色（图 6-14）或橙红色。此期间逐渐增加通风量（每天 3 次，每次 30～60min），温度宜控制在 22～24℃，增加光照强度、空气湿度，促进耳片不断伸展，继续转色。避免室温不稳造成菌袋内壁大量水珠聚集，金耳子实体易被污染。

图6-14　橙黄色（范江涛　提供）

在管理中要避免高温（室温超过 28℃）、高湿和通风不良，容易引起子实体腐烂。若接种穴旁出现黄豆粒大小黄色水珠要及时用脱脂棉或吸管吸干，如不及时处理，则易造成烂耳。在出耳期间还要重视室内环境清洁，并定期进行消毒。

5. 采收及再生耳管理

当金耳耳瓣充分展开，形似脑状，呈金黄色，具有弹性，表面开始产生霜状担孢子时采收（图 6-15）。注意采收前 1 天要停止浇水，及时采收，逾期采收耳瓣变薄，影响产量及品质。

采收时，用薄而锋利的小刀平贴耳基将子实体切下，停止喷水 2～3 天，待耳基愈合恢复生长后，按出耳期管理方式继续管理，约 15 天后可收一批再生耳。出二批耳应注意采收时要留根，同时一定不要让耳基过干，否则不容易出二批耳。

采收的鲜耳，应去净杂质，及时晒干或烘干，一般每 7kg 鲜耳可晒成 1kg 干耳。

图6-15　采收

第七章
玉蕈工厂化栽培

▍ 第一节　玉蕈概述

玉蕈学名为斑玉蕈，通常称为真姬菇，隶属于伞菌目，离褶伞科，玉蕈属。在自然条件下，多于秋末、冬季、春初发生，属于中偏低温型、变温结实性菌类。常着生在壳斗科、山毛榉科及其他阔叶树的枯木、风倒木、树桩上，是典型的白腐生菌类。玉蕈有灰色和白色品系，遗传背景相同，属于同一个种。为便于区分，将菇盖上龟裂出美丽花纹的灰色品系，称之为蟹味菇；周生雪白，丛生，长度 5～8cm 的白色品系，称之为白玉菇。在白玉菇菇蕾形成后，通过调控栽培环境的温、光、水、气，尤其是控制栽培库内的二氧化碳浓度，促使菇柄伸长至 8～15cm，为了与白玉菇区别，商品名改称为海鲜菇。工厂栽培只采收一潮菇，生物转化率高达 80%以上，经济效益显著，市场前景广阔。

玉蕈口感脆嫩，味道鲜美，具有海蟹味，是一种热量低、脂肪含量低的食药两用保健食品。其菌丝最适生长温度为 24～26℃，原基形成时降温至 10～16℃，必须较低温度刺激才能形成原基，子实体最适发育温度 8～18℃。工厂化生产一个栽培周期为110～130 天，从接种到菌丝爬满菌袋需要 40～50天，然后再后熟 45～55 天，从进入出菇房到采收需要20～25 天。

视频 7-1

玉蕈工厂化栽培见视频 7-1。

下面以蟹味菇和白玉菇为例，介绍其形态特征和生长发育条件。

一、形态特征

子实体中等至稍大，群生至丛生。菌盖直径 3～15cm（人工栽培 1～7.5cm），初扁半球形，边缘内卷，后稍平展。菌肉白色，菌褶污白色，菌柄长 3～11cm，粗 0.3～1cm（人工栽培菌柄粗 1～3.5cm），偏心生或中央生，近圆柱形，细长。孢子宽卵形至近球形，无色。孢子印白色。蟹味菇见图 7-1，白玉菇见图 7-2。

图7-1　蟹味菇　　　　　　　　图7-2　白玉菇

二、生活发育条件

1. 营养

玉蕈是一种木腐菌，分解木质纤维素的能力很强。杂木屑、棉籽壳、玉米芯、麦麸等是主要原料，还应加入一些辅料，如玉米粉等，此外还可加入石灰、石膏，栽培者可根据地区资源优势就地选材。

2. 温度

菌丝生长温度范围 5～30℃，适宜温度 20～27℃；在栽培实践中，为控制杂菌污染，将菌丝培养温度控制在 18～25℃，以 23℃为最佳。子实体发生温度较多数食用菌狭窄，原基分化温度为 8～22℃，适温在 12～18℃，以 14～16℃最为适宜。原基分化需要 8～10℃温差刺激，原基形成快、密度大。在 8℃以下和 22℃以上不能分化原基。子实体生长发育温度 8～22℃，最适温度 13～17℃。

3. 水分

玉蕈为喜湿性菌类。培养料含水量在 45%～75% 范围内，菌丝生长随含水量的增加而变快，以 65%～70% 为适宜。出菇期、现蕾期菇房的空气相对湿度要提高到 98% 以上，空气湿度不足，子实体难以分化。子实体生长发育的适宜空气相对湿度为 90%～95%，湿度过低则难以分化成菌盖，已形成菌盖的幼菇也会发黄；若低于 80%，会导致子实体畸形，品质下降。在湿度过高时，会使其生长缓慢、菌柄发暗、有苦味或出现二次分化，并易造成污染。

4. 光照

在黑暗条件下，菌丝体洁白粗壮，不易老化。光对菌丝的熟化培养和转色（由白色转为土灰色），说明光照是必不可缺的环境因素。

子实体分化和发育需要一定的散射光，在完全黑暗条件下，即使菌丝体已达到生理成熟，也不能分化形成子实体。已分化的原基，如果放在黑暗条件下，也不能正常发育。在子实体发育期间如果光照不足，则菌柄徒长，菌盖小而色淡，品质差。在生产上可以通过改变光照强弱来控制菌柄长度。原基分化时适宜光照度为 50～100lx。子实体有明显的向光性，在生长发育时需要光照度 300～1400lx。

5. 空气

玉蕈为好氧性菌类。菌丝体在缺氧的条件，生长速度逐渐减慢。原基分化阶段 CO_2 浓度控制在 0.05%～0.1% 以下，子实体生长发育阶段 CO_2 浓度控制在 0.2%～0.4% 以下。

6. 酸碱度

菌丝在 pH 4～9 范围内均能生长，以 pH 5.5～6.5 为适宜。由于培养料经蒸汽灭菌后 pH 略有下降，菌丝体在生长过程中分泌一些酸性代谢产物，也会使培养料酸化，因此，在拌料时可将 pH 调节到 7.5～8.0。

▍第二节　玉蕈菌种分离、生产

一、菌种的选择

菌种的优劣是直接关系到其栽培成功与否的关键，生产者要根据市场需求，选择高产优质的优良品种。

二、母种制作

分离宜采用组织分离法。对分离材料表面灭菌处理，然后从菌盖和菌柄连接处取一小块组织，用无菌接种针接种到 PDA 平皿（试管）培养基的中央，在 25℃条件下培养，经转管纯化培养，即可获得纯母种。生产前可将纯母种转接，获得扩繁母种。

三、原种制作

采用如下配方：
① 玉米芯 77%，麦麸 20%，糖 1%，石灰 1%，石膏粉 1%。
② 木屑 77%，麦麸 20%，糖 1%，石灰 1%，石膏粉 1%。
培养料控制含水量 65%、pH8.0 左右为宜。用 750mm 菌种瓶装料后按常规装瓶、灭菌、接种，置于 25℃培养。

四、液体菌种制作

1. 摇瓶制作

培养基配方：马铃薯 200g，葡萄糖 20g，蛋白胨 3g，磷酸二氢钾 2.0g，硫酸镁 1.0g，pH 值 6.8～7.0，水 1000ml。
培养条件：转速 160r/min，温度 25℃，5～7 天。

2. 发酵罐制作

配方：玉米面 2%、麸皮 2%、葡萄糖 1%、蛋白胨 0.1%、磷酸二氢钾 0.3%、硫酸镁 0.15%，pH 值 6.8～7.0。

培养条件：温度 25℃，pH 6.5，培养时间 5～7 天，灌压 0.02～0.04MPa，通气量 1∶1，获得液体菌种备用。

五、菌种培养室管理标准

1. 培养参数

① 瓶间温度：24～26℃（水银温度计）。

② CO_2 浓度：2500ppm 以下。

③ 湿度：65%～75%。

④ 菌落 ≤ 3 个。

2. 定植期培养室管理

① 进新批次：关闭空调将新批次放入空挡位置。

② 做好标识、记录：每板插上标签，填好生产记录单。

③ 拖地消毒：接完种后用 0.05% 二氯异氰尿酸钠（优氯净）拖地消毒。

④ 喷雾消毒：拖完地后用 0.05% 二氯异氰尿酸钠对空间喷雾消毒一遍，5～10 分钟后开启空调（若菌落持续不达标，喷雾消毒次数适当增加）。

⑤ 转移批次：定植间培养 10～15 天后（菌丝长满瓶颈为准）转移到后培养（关闭空调转移）。

⑥ 空档处理：转移完后将空档地面残渣清扫干净，再用 0.05% 二氯异氰尿酸钠（优氯净）拖地，最后用 0.05% 二氯异氰尿酸钠将空间彻底喷雾消毒一遍，5～10 分钟后开启空调，第二天新批次放入空挡。

3. 后培养培养室管理

① 挑杂菌：定植间批次转入后培养室培养，发菌 15 天左右彻底挑选一次杂菌。

② 挑原种：挑选待使用的原种。

③ 卫生消毒：挑杂菌、挑原种结束后，将地面残渣清扫干净，再用 0.05% 二氯异氰尿酸钠将地面拖一遍，最后用 0.05% 二氯异氰尿酸钠将空间彻底喷雾消毒一遍（若菌落持续不达标，喷雾消毒

次数适当增加）。

4. 走道消毒

① 拖地消毒：下午下班后用 0.05% 二氯异氰尿酸钠将地面拖一遍再喷雾消毒。

② 喷雾消毒 2 遍：中午下班、下午下班对走道空间喷雾 0.05% 二氯异氰尿酸钠消毒（若菌落持续达标，喷雾一遍即可）。

▌ 第三节　玉蕈出菇瓶的生产和栽培管理

栽培工艺如下：备料→搅拌→装瓶→灭菌→冷却→接种→养菌→搔菌催蕾→育菇管理→采收包装。

一、出菇瓶的生产

1. 备料

根据《栽培料配方表》（表 7-1、表 7-2）准确称量各种营养料，夏季外界气温高时，木屑需提前放到阴凉处摊开冷却。

表7-1　配方一

编号	原料名称	干物质百分比 /%	每瓶重量 /g	含水率 /%	每瓶备料量 /g	备料总量 /kg
1	木屑	20.00	49.00	68.00	153.13	716.648
2	玉米芯	25.00	61.25	12.60	70.08	327.974
3	麸皮	8.00	19.60	13.60	22.69	106.189
4	米糠	19.00	46.55	11.40	52.54	245.887
5	玉米粉	3.00	7.35	12.20	8.37	39.172
6	棉籽壳	15.00	36.75	11.50	41.53	194.360
7	豆渣	10.00	24.50	10.00	27.22	127.390
8	合计	100.00	245.00		375.56	1757.62
9	含水量 /%	63.5	每瓶需水量 /g	296	总需水量 /kg	1385.28
10	石灰添加量				2	9.360

注：备料4680瓶，每瓶干物质重245.00g。

表7-2　配方二

编号	原料名称	干物质百分比/%	每瓶重量/g	含水率/%	每瓶备料量/g	备料总量/kg
1	木屑	20.00	49.00	68.00	153.13	716.648
2	玉米芯	20.00	49.00	12.60	56.06	262.361
3	麸皮	8.00	19.60	13.60	22.69	106.189
4	米糠	19.00	46.55	11.40	52.54	245.887
5	玉米粉	3.00	7.35	12.20	8.37	39.172
6	棉籽壳	20.00	49.00	11.50	55.37	259.132
7	豆渣	10.00	24.50	10.00	27.22	127.390
8	合计	100.00	245.00		375.38	1756.779
9	含水量/%	63.0	每瓶需水量/g	287	总需水量/kg	1342.17
10	碳酸钙添加量				2	9.360

注：备料4680瓶，每瓶干物质重245.00g。

2.搅拌

① 投干料：装瓶前一天先将米糠、麸皮、玉米粉等干燥辅料投入清洁干净、干燥的搅拌锅内（根据实际情况装瓶当天投料也可以），装瓶前先搅拌辅料10分钟，在这个过程中石灰或碳酸钙均匀洒入搅拌锅内。

② 投湿料：辅料搅拌完成后，投入木屑、棉籽壳、玉米芯等，搅拌10分钟后再加水。

③ 加水：边搅拌边加水，加水结束（8～9分钟）开始计时；搅拌20分钟后检测含水量、pH值，若含水量不足再次补水，pH值过低再次添加石灰或碳酸钙；再搅拌25分钟开始装瓶；第一次加水结束开始计时，总搅拌时间控制在45分钟，时间过短搅拌不均匀，过长容易酸败。

④ 出料：含水量、pH值合适后，打开搅拌锅出料口，启动传料机开始装瓶作业。

3.装瓶

（1）装瓶标准

① 装瓶重量：真姬菇740～780g（连瓶、盖重量，平均760g，

合格率≥ 80%）；装瓶开始调整好重量，稳定后每柜随机取 1 筐称重；瓶肩不可装空。

② pH 值：真姬菇灭菌前 pH7.0～9.0，灭菌后 pH5.9～6.1，以灭菌后为标准。

③ 含水量：真姬菇灭菌前含水量 62.5%～63.5%，以灭菌后为准（62%～63%）。

④ 料面深浅度：真姬菇料面距离瓶口距离 L=1.2～1.3cm（合格率≥ 90%）。

⑤ 瓶底透光率（瓶底全见光或微弱见光即可）100%。

⑥ 装瓶时间：每锅培养料搅拌完成开始装瓶至全部进灭菌锅灭菌，总用时不超过 2 小时。

（2）注意事项

① 预防酸败：每年 5～10 月，严格实施"装瓶机等搅拌锅"、"灭菌锅等小推车"方案，此阶段需科学、合理衔接好搅拌与装瓶、入锅三个环节，严格避免搅拌好的栽培料不能及时投入装瓶作业，同时严格避免装好的瓶长时间无法进入灭菌锅灭菌；装瓶至少 18 车时开始集中入柜。

② 若出现机械故障，可能导致酸败时，第一时间向分管领导反馈，以根据研究方案，采取处理措施（增加石灰、碳酸钙或报废处理）。

③ 装瓶时将筐中、瓶身上的残渣使用气枪吹干净。

④ 装瓶过程中，每 15 分钟对装瓶机、打孔机上的残料进行清理，减少掉入筐内、瓶内的概率，减少后期培养可能出现的污染，同时保证装瓶料面平整。

⑤ 菌丝长入海绵、通气孔堵塞的盖子不可使用，需及时更换海绵后再使用。

⑥ 装瓶结束，彻底打扫卫生：使用气枪将搅拌锅、刮板输送线、装瓶机、打孔机等所有设备上的残料彻底吹干净。

4. 灭菌

采用高压蒸汽灭菌，123℃下保持 2 小时。

5. 冷却室管理

（1）出柜室

① 出柜前卫生打扫、消毒、拖地、擦拭墙壁，地面残渣清扫干净后，用0.05%二氯异氰尿酸钠（10升水加5g优氯净）彻底擦拭墙壁、拖地。

② 喷雾消毒：将空间彻底喷雾消毒一遍，等待出柜。

③ 出柜时开启抽风机抽蒸汽，相邻冷却室门打开。

④ 蒸汽抽完关闭抽风机，培养料降温到80℃左右开始出柜。

（2）冷却室、接种前室

① 清扫：工作结束将地面、传送带上残渣清扫干净。

② 擦拭传送带：使用0.05%二氯异氰尿酸钠或1∶10苯扎溴铵（新洁尔灭）将传送带擦拭干净。

③ 擦拭墙壁：使用0.05%二氯异氰尿酸钠将墙壁擦拭一遍。

④ 拖地：用0.05%二氯异氰尿酸钠将地面拖一遍。

⑤ 喷雾消毒：拖完地后用0.05%二氯异氰尿酸钠将空间彻底喷雾消毒一遍。

（3）回车通道

① 禁止2门同时开启，防止装瓶区空气倒灌，造成污染隐患。

② 擦墙壁、拖地，工作结束，先将地面残渣清理干净，再用0.05%二氯异氰尿酸钠擦拭墙壁、拖地。

③ 两次喷雾消毒：0.05%二氯异氰尿酸钠中午下班时喷雾消毒一遍，下午下班后喷雾消毒一遍。

④ 根据菌落情况增加喷雾消毒频率。

（4）空调冷风机　每4个月彻底清理一次，按比例使用空调清洗剂溶液彻底清理干净冷风机内外翅片上的残渣、油污。

（5）过滤系统

① 初效过滤棉每周更换一次。

② 中效过滤器每月更换一次。

③ 高效过滤器每2～3年根据情况更换一次。

（6）环境卫生标准　菌落在出柜室、冷却室、接种前室、回车通道无链孢霉检出。

（7）冷却温度　接种前料温 19～21℃，必须保证料温达标。

6. 接种室管理

（1）接种人员消毒　要穿戴经消毒灭菌的衣鞋帽进入接种室，洗手液洗手，消毒液消毒后，进入风淋室，根据设备提示旋转身体 360°，待风淋结束后进入接种室。

（2）打开空气净化系统　接种前 1 小时将空气净化系统开启，确保整个接种过程空气清新和无竞争性杂菌。

（3）接种机配件消毒

① 先用 75% 酒精棉擦拭绞刀、起盖器等不可拆卸配件；

② 用 95% 酒精棉火焰灼烧或用喷枪烧绞刀、起盖器等不可拆卸配件，每个部位 6 秒以上；

③ 配件处理完毕，传送带、层流罩空间喷雾 75% 酒精后开始接种；

④ 高压灭菌不锈钢配件有菌种槽、漏斗、闸板、钢圈等。

（4）调节菌种量

接种开始前 5 筐调节好接种量；接种量以菌种完全覆盖住料面，有点缝隙，盖子不反弹为宜。

采用固体菌种接种时，菌种须有专人提前严格挑选并进行消毒处理，使用时将菌种表层约 2cm 的老菌皮挖弃。

用液体菌种自动化接种机进行接种时，每个菌袋接种量为 10～15ml。

（5）层流罩内消毒　每隔 15 分钟喷雾 75% 酒精喷雾消毒一次。

（6）卫生打扫

① 工作结束后将接种机、地面残渣用气枪彻底吹扫干净。

② 接种剂各部位、传输线、软帘用 0.05% 二氯异氰尿酸钠擦拭干净，再喷 75% 酒精消毒。

③ 配件用 0.05% 二氯异氰尿酸钠浸泡至少 2 小时消毒。

④ 墙壁用 0.05% 二氯异氰尿酸钠擦拭干净，地面用 0.05% 二氯异氰尿酸钠拖干净。

⑤ 最后用 0.05% 二氯异氰尿酸钠对空间彻底喷雾消毒一遍，

打开紫外灯，人员撤离。

⑥ 晚间消毒：晚上 9 点以后使用 75% 酒精彻底喷雾消毒接种机绞刀、菌种槽、漏斗、闸板等部件，空间用 0.05% 二氯异氰尿酸钠彻底喷雾消毒一遍，打开紫外灯，人员撤离。

（7）层流罩过滤棉更换　每月更换一次层流罩初效过滤棉层流罩菌落，若超过 2 个（检测 30 分钟），则需更换高效过滤器。

（8）环境卫生标准

① 接种室菌落≤ 3 个；

② 层流罩≤ 1 个；

③ 接种机涂抹检测≤ 1 个；

④ 人员衣服涂抹≤ 1 个。

7.培养房管理

（1）培养参数　为便于管理，将整个培养过程分成菌丝萌发定植期、发热期、后熟期三个阶段，不同阶段管理的侧重点有所不同。

① 瓶间温度：定植期 1～15 天，空间温度（22±1）℃，瓶间 24～26℃。

接种后 15～45 天，为发热期，瓶间温度（水银温度计）24～26℃；温度以水银温度计为准，接种后 20～45 天加内循环风扇预防高温烧菌。

② 二氧化碳浓度≤ 2500ppm。

③ 湿度：真姬菇 60%，瓶口老菌种不干燥即可（搔菌老菌种含水量≥ 70%）。

④ 光照：除工作保持黑暗状态。

为了尽量使同后熟库内所有栽培包都能够同步发育，建议每 2 周将培养架进行上下、前后、左右对调。待料面出现"黄水"水珠，袋壁处菌丝呈土黄色并形成粗壮的菌丝束，菌袋失水变轻，即完成生理成熟。

（2）培养房管理

① 初培养房（0.05% 二氯异氰尿酸钠每天消毒两次）

a. 接种室关闭空调、进排风；第一批进入培养房后前 10 天关闭进排风，瓶间温度上升至 26℃以上，二氧化碳浓度上升到 2500ppm 以上时可提前开启空调、进排风；如果开启空调、进排风对菌落环境影响较大，则根据实际情况延后空调、进排风开启时间；夏季房间湿度最大，接完种就开启空调（开 10 分钟关 20～30 分钟或灵活调整），预防链孢霉。

b. 拖地消毒：工作结束，地面清扫干净，用 0.05% 二氯异氰尿酸钠将地面拖一遍。

c. 喷雾消毒（每天两次）；拖地结束用 0.05% 二氯异氰尿酸钠彻底喷雾消毒一遍；早上接种前用喷雾器喷雾消毒一次；夏季房间湿度大时使用肩背式喷雾器消毒。

② 后培养房

a. 污染较多时用 0.05% 二氯异氰尿酸钠每天消毒一次；绿霉污染超过 1% 时 0.05% 二氯异氰尿酸钠每天消毒一次，另外还需每周一次预防螨虫；消毒剂用 100kg 水 +50g 二氯异氰尿酸钠 +20ml 阿维菌素喷雾消毒即可。

b. 污染较少时隔一天消毒一次；霉菌污染在 1% 以下时，隔一天喷雾 0.05% 二氯异氰尿酸钠消毒一次。

③ 培养房空出时彻底打扫消毒

a. 地面残渣清理干净。

b. 冲洗空调翅片，用 1∶40 倍新洁尔灭（苯扎溴铵）将空调翅片里面的灰尘残渣冲洗干净。

c. 冲洗墙壁、天花板、加湿管道、新风管道；使用 0.05% 二氯异氰尿酸钠冲洗。

d. 地面拖干净后，开启空调内机干燥后待用。

④ 喷雾方法：关闭进排风、空调，药剂配制完成后搅拌均匀，从里到外，从上到下对空隙处彻底喷雾消毒；喷雾消毒结束后打开进排风、空调。

（3）培养走道消毒

① 下午下班时 0.05% 二氯异氰尿酸钠拖地消毒。

② 喷雾消毒每天两遍，中午下班时喷雾 0.05% 二氯异氰尿酸

钠消毒；下午下班时喷雾 0.05% 二氯异氰尿酸钠消毒一遍，根据菌落情况适当增加或减少消毒次数。

③ 培养房出现螨虫污染时再喷雾预防螨虫的药剂。

（4）垫仓板清洗消毒

① 消毒配制：一池水（约 900L）加 500g 二氯异氰尿酸钠，要预防螨虫时再加 200ml 阿维菌素。

② 清洗方法

a. 清洁：先将垫仓板上的灰尘、残渣用气枪或高压水枪冲洗干净。

b. 浸泡、刷洗：将垫仓板全部浸泡在消毒液中，用长刷子将垫仓板上的剩余残渣刷干净。

c. 晾干：捞出垫仓板，立即转移到定植期培养房内晾干备用。

（5）菌落标准

① 培养房菌落标准：初培养菌落 ≤ 3 个，无链孢霉、木霉。

② 外走道标准：培养房外走道菌落 ≤ 5 个，无链孢霉、木霉。

二、出菇管理

1. 搔菌入库、搔菌作业标准

根据入库计划和房间硬件工况，合理安排入库房间和数量。

（1）品种确认　每天搔菌工作开始前，由车间班长负责与工艺技术员沟通，确定要搔菌的栽培种的批次、品种、所在位置，并安排叉车提前运出部分准备。

（2）污染挑选　搔菌前，安排专人查看待搔菌瓶是否有污染现象，发现污染菌瓶应及时挑出，或有专人在菌瓶启盖后挑出污染菌瓶，以免搔菌后造成交叉感染。

（3）瓶盖处理　搔菌毛刷确保将瓶盖内残渣刷干净，透气孔无堵塞；搔菌启下的瓶盖要收集放入包装袋，在搔菌结束后全部转移至装瓶车间，以便次日装瓶使用。

（4）机器消毒　搔菌前必须用 75% 酒精擦拭、喷雾消毒搔菌刀头；搔菌过程中每隔 15 分钟用 75% 酒精喷雾消毒搔菌刀头；如发现污染菌瓶已进入搔菌刀头，需立即停止搔菌，待彻底消毒搔菌刀头后再搔菌。

（5）搔菌料面标准

① 环沟深度：1.6～1.8cm（平均 1.7cm）。

② 注水量：水面与老菌种平齐。

③ 料面形状：馒头形完整，均一性好。

（6）菌瓶转移 搔菌并注水后的栽培种要及时搬至转移车上，然后运至生育室，整齐摆放在生育室栽培床架上，并及时加盖无纺布保湿，上架时要求轻拿轻放，菌瓶摆放整齐一致，无纺布覆盖平整。

（7）卫生清理 搔菌结束后，对机器各部分要清扫擦拭干净，特别对搔菌刀头进行消毒处理，用 75% 的酒精擦拭干净，搔菌刀每周拆下彻底清理干净；同时将车间各角落进行卫生清理和地面消毒，生产工具和车辆摆放整齐。卫生检查标准：无残渣，无积水，无油污。

（8）注意事项 搔菌过程中要注意生产安全，机器运转时，手不能伸入机器内以免造成伤害，如发现故障，应先按"停止"键，关闭电源后，再行检查，如不能自行排除故障，要及时通知设备部进行维修。

2. 成品菇生育调控管理

菌瓶搔菌入库后就进行催菇、出菇管理。此时温度控制在 14～16℃，二氧化碳浓度 1500～20000ppm，空气湿度 85%～95%，光强 200～800lx，并适时、适当通风。在管理中温度要适宜，温度低容易造成菇盖畸形或大脚菇，温度高容易使菇柄徒长、菇盖开伞快。当菌盖直径达到 0.5cm 后，要适当增加二氧化碳浓度，使菇盖生长被抑制，菌柄能够更粗壮。出菇后期要增加光照时间和强度，这样生产的蟹味菇菇盖颜色深，菇柄长度和粗度相宜，商品品相比较好。出菇期注意不可直接向菇蕾喷水，不让菇盖积水，可阻碍米粒菇的形成。真姬菇的子实体属于丛生，采收时容易损伤菌柄和菌盖。同时，丛生的外侧子实体菌柄容易弯曲，导致朵形较差。在栽培中可将呈漏斗形状装置安装在栽培瓶的瓶口，这样菇形好，便于采摘。漏斗形状装置见图7-3，生育调控室见图7-4。

图7-3　漏斗形状装置　　　　　图7-4　生育调控室

在实际管理中要根据调控参数标准合理设置调控参数，且针对外界因素变化合理调控工艺参数。

三、采收包装管理

菇朵中60%以上直径1.5～2.3cm之间，含水量89%～89.5%，高度5～6cm（瓶口往上），应及时采收。工厂化栽培考虑到经济效益，一般只对第一潮菇进行采收，1个栽培库房从零星采收到采收结束约需3天时间。采收后整齐排放在采收筐内，菇帽同向放，避免无序堆叠，造成菇盖黏上木屑，影响商品外观。菇不宜堆叠过高，以免堆中心温度过高及产生机械损伤。采收的菇搬运至冷藏库预冷数小时，使菇体中心温度下降，菇体表面"收水"后再搬运到12～15℃包装间包装。如果来不及上市，可在2～4℃下冷藏储存。在采收管理上应注意以下几点。

合理预计采收时间和采收数量，提前一天下单采收房间和数量通知单，采收包装当天，监督采收和包装质量。

1. 采收量确认

首先由公司工艺员和采收、包装负责人提前一天查看次日要求采收的出菇房编号和采收数量，并第一时间将数据发送至销售部，销售部及时制定包装通知单。

2. 采收要求

在进入生育室采收时，工作人员必须严格按公司规定采收标准进行采收，细致分选可采收产品，避免因采收不当或不及时，造成产量及质量的损失。

采收人员在进行采收作业时，要求工作认真、态度端正，禁止嬉戏交谈，进行登高作业时，一定要采用登高车设备，禁止随意攀爬，防止人身安全事故发生。挑选好的产品用采收专用车拉至采收间进行采收，转移时应注意安全，防止车子撞上通道两旁配电箱。

采收人员在采收间进行菇瓶分离操作时，应注意采收质量，减少菇盖破损和浪费。

3. 包装要求

包装员工在组盒包装过程中必须严格遵守公司规定的真姬菇包装标准进行包装操作，在提高包装速度的同时，应首先保证工作质量，提高产品品质。

4. 包装质检

包装车间负责人负责包装产品的质量检验和监督。

5. 入库

每天包装结束后，将成品及时清点入冷库冷藏，切断设备所有电源，并将每天生产数据汇总和上报。

6. 挖瓶

挖瓶车间负责将当日所有采收菌瓶进行处理。

第八章
蛹虫草工厂化栽培

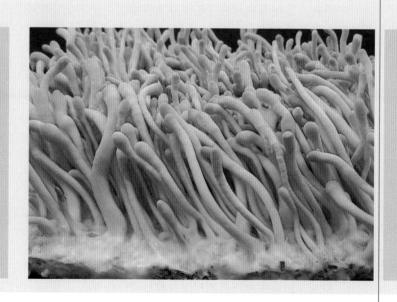

第一节　蛹虫草概述

蛹虫草栽培技术见视频 8-1。

视频 8-1

一、名称及分类地位

蛹虫草 [*Cordyceps militaris*（LexFr.）Link] 为子囊菌亚门，核菌纲，麦角菌目，麦角菌科，虫草属，又名北冬虫夏草。到目前为止，全世界已报道的虫草属真菌约 400 种，而我国已报道的有100 种左右。

二、经济价值

虫草属中常见的种类有冬虫夏草、蛹虫草、蝉花等，冬虫夏草和蛹虫草是虫草属中最重要的 2 个种，冬虫夏草最为珍贵，与人参、鹿茸并称为中药宝库中的 3 大补品，而野生冬虫夏草资源在逐年下降，无法满足日益增长的市场需求。因此，作为冬虫夏草的替代品，蛹虫草的商品化生产应运而生。蛹虫草是一种具有食用和药用价值的大型真菌。研究表明，人工栽培的蛹虫草与野生的冬虫夏草相比，主要的营养及药用成分相接近，有的成分甚至远高于冬虫夏草。其除了富含蛋白质、氨基酸、维生素营养物质及钙、铁、锰、锌、硒等微量元素外，还含有虫草酸、虫草素、虫草多糖和超氧化物歧化酶（SOD）等生物活性物质，具有滋肺补肾、镇静降血压等功效，广泛用于保健食品、保健膳食当中，食用和药用价值可与传统的冬虫夏草媲美。据《全国中草药汇编》记载："蛹虫草子实体及虫体可作为冬虫夏草入药。"到目前为止，以蛹虫草为原料生产的各类药品、保健食品已逾 30 种。随着科学技术的进步和人工栽培规模的不断扩大，蛹虫草将为人类的健康事业做出更大的贡献。

三、栽培状况

自 20 世纪 50 年代以来，国内众多科研机构、开发部门投入了大量的人力、物力，对蛹虫草的人工培养技术进行了研究。到 20 世纪 80 年代中期就成功实现了蛹虫草的人工栽培，从而使我国成为世界上首次利用虫蛹等为原料，批量培养蛹虫草子实体的国家。1988～1994 年，沈阳市农业科学院的李春艳、陈国卿，食用菌协会的李鸿湘，沈阳农业大学的姜明兰、俞孕珍等人将蛹虫草的人工栽培进一步深化。20 世纪 90 年代以大米、小麦等原料作为培养基代替虫蛹培养基培育蛹虫草技术获得了成功，使蛹虫草栽培可以实现规模化生产。蛹虫草产业化栽培技术的推广应用与开发，满足了国内外对虫草日益增长的需求。

四、蛹虫草生物学特征

1. 蛹虫草形态特征

蛹虫草由菌丝体和子实体（子座）两种基本形态组成。

（1）菌丝体　菌丝体为一种子囊菌，其无性型为蛹草拟青霉。菌丝体洁白、粗壮浓密，呈匍匐状紧贴培养基生长，边缘整齐，无明显茸毛状白色气生菌丝，后期分泌黄色色素，菌丝见光后变为橘黄色。菌丝体的微观形态：有隔管状、无色透明，菌丝顶端可形成分生孢子梗，分生孢子球形或椭圆形，链状排列，分生孢子梗单生或轮生（图 8-1～图 8-3）。

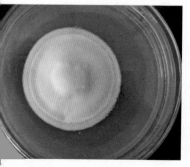

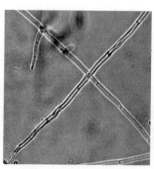

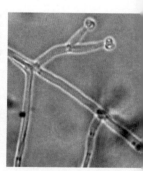

图8-1　菌丝生长　　　　　图8-2　菌丝显微形态　　　　图8-3　分生孢子

（2）子实体　子实体是当蛹虫草的菌丝把蛹体内的各种组织和器官分解完毕后，或是将人工培养基内营养吸收后，菌丝体发育由营养生长开始转为生殖生长，最后扭结，从蛹体空壳的头部、胸部、近尾部等处伸出，或是从人工培养基料面上形成橘黄色或橘红色的顶部略膨大的呈棒状的子座。子座长而直立，有柄，多数为棍棒状，单生，少数丛生，明显分为柄部和上部可孕部，子座上部可孕部分埋生或半埋生子囊壳。子囊壳的孔口突出子座表面，呈毛刺状；柄部没有子囊壳，光滑；子囊壳中有多个圆柱形子囊，每个子囊中有3～8个线状子囊孢子在子囊内并排排列，大多数为8个，成熟的线状子囊孢子在子囊中断裂成小段，形成次生子囊孢子。野生的子座可孕部为橘黄至橘红色，柄的颜色浅，灰白色至浅黄色。寄生的蛹体长0.8～3.0cm，粗0.5～1.3cm，为深褐色或土褐色。用大米、小麦、玉米等培养料进行人工栽培时，基质为浅黄色或橘黄色，子座单生或分枝状发生，子座通体橘黄色或橘红色，长3～16cm，粗0.2～0.6cm。子座上部具有细毛刺，下部（柄）光滑，柄长2～8cm，粗0.15～0.5cm（图8-4～图8-6）。

图8-4　人工栽培蛹虫草

图8-5　野生蛹虫草

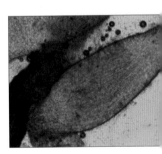
图8-6　子囊孢子

2. 蛹虫草的寄主、生态分布和生活史

（1）蛹虫草的寄主　虫草属真菌为兼性寄生，寄主范围很窄，往往只限于一种或近缘的数种昆虫，而蛹虫草的寄主专化性不强，

可以侵染鳞翅目、鞘翅目、同翅目以及双翅目等近200种昆虫的幼虫、成虫和蛹，以寄生于鳞翅目昆虫的蛹上最多。

(2) 蛹虫草的生态分布　蛹虫草的寄主昆虫多，自然界的分布也十分广泛，是一种世界性的广布种。种群分布及密度主要受光照、温度、湿度、寄主种类、人类活动及气候因子等多方面的影响。国外主要分布在亚洲的日本、印度，欧洲的俄罗斯、英国、法国、德国，北美洲的美国、加拿大等地。在我国，野生蛹虫草主要分布在东北、华北、西北等地区，在辽宁、吉林、黑龙江、河北、云南、福建、广西、陕西、四川、广东、广西等地区都有发现，以东北地区发生较多。野生蛹虫草大多生长在中低海拔地区和中温季节，在海拔100~2500m的地区均有发现。6月到9月份从地面长出子座，多发生在含水量20%~25%、pH为6.5的微酸性土壤，环境温度15~25℃，空气湿度为60%~85%，郁闭度60%的针阔混交林地。

(3) 蛹虫草的生活史　自然界中蛹虫草真菌存在2个阶段：产生子实体及子囊孢子的有性型阶段和只产生菌丝、菌核及分生孢子的无性型阶段。其菌体成熟后可形成子囊孢子（繁殖单位），孢子散发后随风传播，孢子落在适宜的虫体上，便开始萌发形成菌丝体。菌丝体一面不断地发育，一面开始向虫体内蔓延，于是蛹虫会被真菌感染，分解蛹体内的组织，以蛹体内的营养作为其生长发育的物质和能量来源，最后将蛹体内部分解形成橘黄色或橘红色的顶部略膨大的呈棒状的子座。

3. 影响蛹虫草生长的营养因子

(1) 碳源　碳源是蛹虫草合成碳水化合物和氨基酸的基础，也是重要的能量来源。人工栽培时，蛹虫草可利用的碳源有葡萄糖、蔗糖、淀粉等，以葡萄糖等小分子糖类的利用效果最好。

(2) 氮源　氮源是蛹虫草合成蛋白质和核酸物质的必要元素。蛹虫草能利用的有机氮很多，如酵母膏、牛肉膏、氨基酸、蛋白胨、豆饼粉、玉米粉、蚕蛹粉等；无机氮主要有氯化铵、硝酸钠等，有机氮的利用效果最好。蛹虫草氮源不足，出草慢、产量低；

氮源过量，气生菌丝过旺，难以发生子座，即便有子座分化，其产品数量和质量均有不同程度的下降。

（3）矿质元素　蛹虫草的生长发育也需要磷、钾、硫、钙、镁及锗、硒等矿质元素。常利用的矿质元素有碳酸钙、硫酸镁、磷酸二氢钾、石膏等。

（4）维生素　蛹虫草生长常利用的生长因子有维生素、氨基酸、赤霉素、生长素等。因蛹虫草不能自身合成 B 族维生素，故常在蛹虫草栽培中添加维生素 B_1 和维生素 B_2。

在合理选用碳源和氮源的同时，还应调整好碳与氮的比例，以便获得最佳的生长速度，提高产品的产量和质量。合理碳氮比（C/N）是人工栽培蛹虫草的必需条件，否则，将导致菌丝生长缓慢，或者污染严重，或者气生菌丝过旺，难以发生子座，即便有子座分化，其产品数量和质量均有不同程度的下降。一般真菌菌丝生长的碳氮比为（25～30）∶1，而蛹虫草则需要更多的氮源，在营养生长阶段，碳氮比以（4∶1）～（6∶1）为好，而在生殖生长阶段以（10∶1）～（15∶1）为宜。

4. 影响蛹虫草生长的环境条件

（1）温度　温度是蛹虫草生长发育的重要条件，蛹虫草属中温型变温结实性菌类。菌丝生长温度为 5～30℃，最适生长温度为 18～23℃。原基分化温度在 15～25℃，栽培实践证明，一般 5～8℃的温差有利于刺激原基形成。子实体生长温度为 10～25℃，最适温度为 18～22℃。在蛹虫草栽培过程中，10℃以上的较低温度，对菌丝和子实体生长的影响仅表现在生产周期延长。25℃以上的较高温度，虽然生产周期缩短，但污染率上升，品质下降。孢子弹射的温度为 28～32℃。

（2）湿度　蛹虫草正常生长要求培养基的适宜含水量为 60%～65%，低于 50%，菌丝生长缓慢，菌丝纤细，易发黄断裂，甚至死亡。但如果含水量过高，培养料灭菌时形成糊状，菌丝也难以向料内生长，表现为表面菌丝浓密、洁白，瓶壁易产生色素，有性繁殖困难，且培养料易酸败。发菌期培养室的空气相对湿度要求保持在 60%～65%，过低过高均会影响菌丝生长。子实体形成与生长期空气相对湿度保持在 85%～90%，这样可以促进子实体生长迅速，菇丛密。在采收第二批子实体后，含水量下降到 45%～50%，应在转潮期补足水分，通常用营养液进行补水，可同时补充营养。

（3）光照　菌丝生长时不需要光，光照对菌丝生长有抑制作用，会使培养基颜色加深，易形成气生菌丝，并使菌丝提早形成菌被。子实体分化需一定均匀的散射光，光线过弱原基分化困难、出草少，光线不均匀子实体产生扭曲或倒向一边，长时期的连续光照又会阻碍子实体的形成。子实体生长阶段，每天应给予一定时间 200～500lx 的散射光照射，光线过弱，子实体呈淡黄色，产量、质量低；光线适度子实体色泽好、质量好、产量高。光线过强，容易造成子实体早熟。

（4）空气　蛹虫草也为好气性真菌，生长发育过程是一个吸氧排碳的代谢过程，尤其原基分化后需氧量更多，故而保持相对较清新的空气，以保证氧气的充足供应。在通风差且湿度较高的情况下，菌丝生长差，容易引起杂菌特别是霉菌的滋生；在子座分化期，对新鲜空气的要求更为严格，如通风不良，则不易转色，子座形成推迟，子座容易分枝；在子实体生长期间要保持良好的通风，室内二氧化碳浓度含量过高，往往出现密度很大、子座纤细的畸形子实体。

（5）酸碱度　蛹虫草为偏酸性真菌，其菌丝生长发育最适 pH 为 5.5～6.0。在灭菌和培养过程中 pH 值要下降，所以在配制培养基时，应调高 1 个 pH 值，经高压灭菌后，pH 值自然下降，加之后期菌丝自然产酸的调节，即可使基质 pH 值降至 6 左右。为使菌丝体生长在稳定的 pH 值范围内，在配制培养基时可加 0.1%～0.2% 的磷酸二氢钾来缓冲。

▌第二节 蛹虫草栽培

一、栽培季节、工艺流程

1. 栽培季节

根据蛹虫草对温度的需求，自然条件下，辽宁省地区每年春季3～4月栽培，4～5月出草；秋季8～9月栽培，9～10月出草。如果有完备的设施化条件一年四季均可进行生产，每个生产周期50～60天，一年可进行4次生产，不受季节限制。

2. 工艺流程

备料备种→棚室准备→配料、装料、灭菌→冷却、接种→发菌管理→转色管理→出草管理→采收→加工（图8-7）。

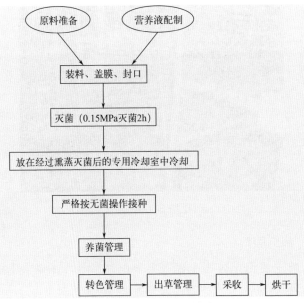

图8-7 蛹虫草生产工艺流程

二、栽培场所和原料

1. 栽培场所

蛹虫草的栽培场所，应选择地势平坦、水电方便、通风和光照良好、水源充足、水质洁净、远离畜禽舍、环境清洁卫生的地方。

为充分利用空间，在生育室要搭设层架，以摆放更多栽培容器。层架材料一般选用塑料或角钢，层架间距和层距要合理。每间生育室一般 60m²，内置立体金属层架，层架间距 70cm，作为人行横道。如果瓶栽，层架一般 5 层，底层距地面 30cm，每层间距 50cm，层架宽 30cm，能卧式摆放 2 排大罐头瓶。如果盆栽，层架一般 5 层，底层距地面 30cm，每层间距 40～50cm，层架宽 60cm（能卧式摆放两排栽培盆）。每层安装 LED 灯用于光照，或每隔 2m 安装 1 支 25W 的日光灯作为光源（图 8-8）。

图8-8　培养室

2. 栽培原料

目前主要用无公害小麦、大米作为原料，并要求干燥、新鲜、无虫蛀。原料营养丰富，能够满足蛹虫草的整个生育周期营养要求。

三、生产设施

1. 制冷、加热设备

选用 12cm 或 15cm 厚的聚氨酯夹芯板作为隔热板材。生育室温度范围（10～25）℃±1℃，带电加热装置。机组冷却方式为风冷，制冷量最好 ≥ 12kW，风机安装为吊顶式。

2. 加湿设备

一般用加湿机，加湿量 3L/h，功率 300W，全自动湿度控制，电源 220V/50Hz，出雾口直径 100mm 以上，雾粒直径小于 1～3μm。

3. 净化和通风设备

为考虑空间内的洁净度，室内机组为带初效、中效过滤装置的空调箱，空调箱全压为 400Pa，余压为 250Pa，内循环风量为 3000m³/h，风机箱电机功率为 0.5kW。中效过滤器作用：捕集 1～5μm 尘埃粒子，效率 60%～95%（比色法）。

4. 水净化设备

全程自动化控制，进水压力 0.25～0.45MPa，进水硬度 ≤ 6.5mmol/L（若原水硬度超过此指标，需要重新设计），出水硬度 ≤ 0.03mmol/L，原水水温 2～50℃；日产水量 0.5t。

5. 灭菌设备

常压灭菌锅或高压灭菌锅。常压灭菌锅可自行建造，其构筑材料必须符合相应的安全卫生要求。高压灭菌设备必须从具有"压力容器生产许可证"单位购买。

四、栽培方式

随着人工栽培蛹虫草技术的不断进步，蛹虫草栽培方式多样，根据生产原材料、子实体性状、放置方式、栽培容器的不同可以分为以下几类。

1. 按照主要生产原材料划分

以小麦为主要原材料生产的蛹虫草称为麦草，以大米为主要原材料生产的蛹虫草称为米草，通过蛹虫草菌种侵染蛹体（桑蚕蛹或柞蚕蛹）生产的蛹虫草称为蛹草。目前，麦草生产主要集中在北方地区；米草生产主要集中在南方地区；蛹草生产由于原材料有限、生产成本较高、蛹体消毒不能彻底、栽培期间容易造成污染、生产管理难度大等原因，不适宜规模化生产，没有主要集中生产地区。

2. 按照蛹虫草子实体性状划分

人工栽培的蛹虫草子实体无论是麦草、米草、蛹草，都具有相同的生物学特征，依据子实体形态结构即子囊座的长短、膨大程度、产孢子数量，其商品品种可分为普通草（俗称尖草）、子囊座矮小膨大型（俗称圆头草）、孢子头草三种类型。

3. 按照放置方式划分

分为床架立体平位栽培和床架立体卧位栽培。

4. 按照栽培容器划分

分为玻璃瓶式栽培、塑料袋栽培和盆栽栽培，三种栽培方式特点如下。

（1）玻璃瓶式栽培特点

① 瓶式栽培优点。不易被污染，发菌、转色较快，原基比较均匀，子实体成熟期最短，出草整齐，子实体较长，粗细较均匀，生物转化率较高，子实体色泽较好、形态好，较整齐，并且透光性好，容易观察。

② 瓶式栽培缺点。罐头瓶床架立体栽培蛹虫草每平方米约放500个瓶子，每平方米投料约12kg。占用空间大，洗瓶、装瓶、接种、采收等劳动强度大，易破损（图8-9、图8-10）。

（2）塑料袋栽培特点

① 塑料袋栽培优点。塑料袋床架立体栽培蛹虫草，每平方米约放200个，每平方米投料约50kg。100m^{2}相当于瓶式种植400m^2，极大地降低了生产成本，不用堆瓶场地，节省空间；采收方便，不用洗瓶、消毒，省时省力；保湿保温情况较好。

图8-9　瓶栽（卧式）　　　　图8-10　瓶栽（立式）

② 塑料袋栽培缺点。用塑料袋作为栽培虫草容器，虫草菌丝发菌、转色较慢，原基密度较大，子实体色泽较浅，生长参差不齐，子实体较短，粗细不均匀，成熟期最长，生物转化率较低，在灭菌时菌袋易破损，并且透光性较差，此技术还属于小规模的使用（图 8-11）。

（3）盆栽栽培特点　盆栽法是近年发展的栽培方式，目前的技术趋近完备，已经逐渐被广大种植户所接受。塑料盆式种植每平方米约放 50 个塑料盆，每平方米投料 25kg，对于接种、采收、观察来说十分方便，适宜集约化立体栽培（图 8-12）。

图8-11　袋栽　　　　　　　图8-12　盆栽

盆栽法优点：

① 接种迅速安全、便于操作，大幅度地提高了劳动效率。盒

内装料量大、每个盒的装料量相当于 10～15 个栽培瓶的装料量，并且便于堆放，方便灭菌。

② 透气性好、发菌迅速。盒设有无菌通气口，一方面解决了在发菌期间通气易带来污染的问题，另一方面增加通气量，缩短了栽培周期。

③ 易于管理。盒栽培蛹虫草口大而浅，能充分地采光及换气，又便于施加营养液，利于采收，比用瓶栽法提高了劳动效率近 10 倍左右，彻底解决了采草慢、费工费时的一大难题。

④ 投资少，成本低（每盆成本约 3 元），生物转化率高达 90%，品质好。

盆栽法缺点：

① 盆栽法由于透气空间大，相对于瓶栽法更容易被感染。

② 相对于瓶栽法来说，塑料盆底为半透明情况，使得虫草种植时，底部的培养基和菌丝根部受到的光照比顶部少；玻璃瓶完全透明，整体受到光照程度完全一致。

虫草生物转化率受多种因素影响，如优质的菌种、适宜的培养基、所使用的栽培容器和科学的管理。栽培虫草者可根据实际情况结合三种容器特点进行选择，并针对其特点加强管理，以获得高产优质的虫草。

第三节　蛹虫草菌种选择和制作

通常情况下，应选择符合国家《食用菌菌种管理办法》规定的优良品种，品种需具备品种纯正、菌丝生长健壮、浓密有力、菌龄短、无杂菌、色泽正、转色快、出草快、出草整齐的特征。要严格按照食用菌菌种生产技术规程的要求进行菌种生产。

一、蛹虫草菌种选择

获取适应性强出草率高的种源，是蛹虫草栽培成功的关键条件之一。同样栽培蛹虫草，有些菇农得到了丰厚的经济效益，但也有相当一部分菇农收效甚微，有的棵草未收，甚至发好菌连转色也没有。如此大的反差，关键是在菌种的区别。一般选用周期短，易发生子实体，产量高，药用与营养价值高的菌株。蛹虫草菌种退化很快，选择菌种时要十分慎重，一般可从权威研究机构购买，避免造成巨大损失。注意不要用传代次数多和保藏时间长的母种，初学者最好选购固体原种，有栽培经验者可购买斜面试管种或液体菌种。

从蛹虫草的子实体外形进行分类，大多分为孢子头、圆头、尖头三种。其中孢子头和圆头蛹虫草栽培较多、较广，且较尖头稳定、高产、抗逆性强，圆头、孢子头商品性（形状、色泽）更受消费者喜爱（图8-13～图8-15）。

图8-13 尖头　　　　　　图8-14 圆头　　　　　　图8-15 孢子头

二、蛹虫草菌种退化原因和防控方法

近年来蛹虫草人工栽培技术取得了突飞猛进的发展，但生产中蛹虫草的菌种退化问题给生产带来的损失非常巨大，很多菌种第一代表现很好，第二代、第三代则表现出草不整齐等退化特征，根据多年的生产实践，介绍一下退化的主要原因和防控方法。

1.退化原因

（1）复杂的生活史　蛹虫草具有复型生活史，即孢子微循环

（分生孢子→菌丝体→分生孢子），有部分菌丝也可以产生分生孢子，这些分生孢子不出草的概率约为 75%，决定了相当一部分蛹虫草只长菌丝而不出草。

（2）不同的繁殖方法对遗传性状影响不同　蛹虫草菌种的繁殖方法分无性繁殖和有性繁殖，一般情况下孢子分离得到的菌种遗传稳定性要好于组织分离得到的菌种，组织分离中子实体不同部位的组织分离得到的后代菌种也有遗传差异，子实体顶端分离的菌种易于萌发，子实体底部分离得到的菌种菌丝生长速度慢，不易满管。

（3）无性繁殖的转管次数和菌种的遗传性状有密切的相关性　在生产中为了节约生产成本通常采用转管传代的方法生产蛹虫草菌种，实践证明蛹虫草菌种通过有性繁殖后，转管传代超过三次以上，菌种的出草性能会有明显的下降，生产中我们要将菌种的繁殖代数加以注明避免生产上出现不必要的损失。

2. 菌种退化的防控方法

（1）在母代中可找到退变速度较慢的菌种　研究发现，在同一根菌丝上可同时观察到孢子链呈迭瓦状的拟青霉型和聚集成头状、轮枝孢型的产孢结构，这种同时具有两种产孢型结构的菌种其子实体形成能力可保持很多代，性状不再变异，遗传性相对稳定，但只有一种产孢型结构的菌株一般难以形成子实体。在培养基上观察到两种产孢型结构，但两型结构不着生在同一菌丝上，这种产孢结构的配对菌株，虽然当代能产生子实体，但由于变异的原因，其子实体形成能力难以保持多代。通过观察无性型产孢结构来筛选遗传性稳定、不易退化的菌种进行生产可提供生产经济效益。

（2）用适当的菌种繁殖方法可有效阻滞蛹虫草菌种的退变速度　采用新鲜的子实体用孢子分离的有性繁殖方式得到后代菌种，再采用液体菌种扩大的无性繁殖法进行接种扩繁，可大大提高蛹虫草的生产效率。采用液体菌种的生产方法生产的菌种性状稳定、发菌速度快、气生菌丝少、吃料快、出草率高。采用固体菌种的生产方法所需人工多、发菌速度慢、气生菌丝生长旺盛、吃料慢、出草率低。

（3）改变蛹虫草菌种的保藏方法可减缓菌种退化 蛹虫草菌种的保藏和其他真菌的菌种保藏方法有较大的区别，采用传统的菌种保藏方法来保藏蛹虫草菌种是菌种退化产生的重要原因。实验证明生产用菌种保藏时间要求在 30 天内，长于 60 天的菌种退化特性表现非常显著。

三、蛹虫草菌种的制作

菌种制作过程，对一般从商品蛹虫草子实体中进行孢子、组织分离、筛选，选育出优良、纯净、健壮、适龄的母种，经过出草培育试验，确定生产菌种的原种，经过固体或液体菌种的扩繁方式，最终形成生产用栽培菌种。工艺流程如下：蛹虫草选择和采集→组织（孢子）分离→提纯培养→出草试验→母种保藏→优良一级菌种→复壮培养、菌种扩繁→二级菌种→发酵培养基筛选、确定→发酵罐生产液体菌种→接种、培养栽培菌种。

1. 菌种分离

菌种分离是在无菌的条件下将所需要的食用菌与其他微生物分开，在适宜的条件下培养获得纯培养的过程。分离纯化得到的纯培养即是母种，母种的质量是菌种生产的基础，也是食药用菌生产的关键。蛹虫草菌种分离常常采用组织分离法或者孢子分离法。

（1）组织分离法 选取成熟的具优良长势的蛹虫草子实体，在无菌环境中用接种针将组织块接入试管中的斜面培养基上，获得纯培养的方法称为组织分离法。

① 培养基制作。培养基一般采用试管或培养皿进行培养。配方为：马铃薯 200g，葡萄糖 20g，蛋白胨 5g，琼脂 18～20g，磷酸二氢钾 3g，硫酸镁 1.5g，水 1000ml。按常规方法将培养基装到试管中高压蒸汽灭菌，一般 115℃灭菌 30min，待灭菌后冷却好备用。

② 选取子实体。取新鲜、颜色鲜艳、形态健壮、颜色橙黄或橘红色、八九分成熟的蛹虫草子实体（图 8-16、图 8-17）。

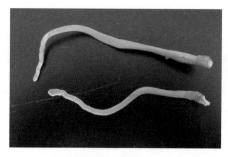

图8-16 尖头草　　　　　　图8-17 孢子头草

③ 子实体消毒。先用清水冲洗，再置于 75% 的酒精浸泡消毒 30 秒，取出以无菌水反复冲洗 2～3 次，放在无菌器皿内备用。

实验证明蛹虫草子实体本身就具有一定的抑制杂菌能力，即使未用酒精进行消毒处理，在子实体的两端也有菌丝生成，并且萌发早、比经过酒精处理的子实体旺盛。经过酒精处理浸泡时间过长，容易出现菌丝未萌发现象，使菌丝体活性丧失，所以组织分离时一定要注意酒精的浸泡消毒时间不宜过长。

④ 组织分离、培养。一般用无菌刀截取组织块时取上部 1.5cm 以内的部位，将子实体切成长度 1～2 mm 的小段，接种于 PDA 试管或平皿固体培养基上，放置在 22℃的恒温培养箱中培养。对蛹虫草菌丝生长情况、见光转色情况、出草情况等进行观察比较，并定期记录。优良的尖头草菌株转色很快，2 天以后就可以变为深橘黄色，5～7 天在斜面上可观察到有针刺状的约 0.5cm 高的子实体冒出。而优良的圆头草菌株则转色后为浅橘黄色，10 多天后有的培养基表面可见有针刺状子实体冒出（图 8-18～图 8-21）。

图8-18 试管菌丝萌发　　　　　图8-19 试管菌丝转色

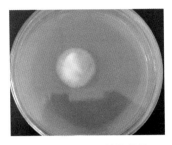

图8-20 平皿菌丝萌发

图8-21 平皿菌丝转色

（2）孢子分离法 孢子分离法是在无菌条件下，使孢子在适宜的培养基上萌发成菌丝体而获得纯培养的方法。采集孢子有多种方法，如子实体弹射法、钩悬法、黏附法等，此处介绍钩悬法。

① 选择子实体。蛹虫草子实体应为八九分成熟，当虫草表面长满子囊果时，子囊果的颜色由近似草的颜色到逐渐加深重于草的颜色，这时也可以进行孢子分离。采摘过早，孢子发育不健全，质量差；采摘过迟，质量也差，且易受杂菌污染（图 8-22）。

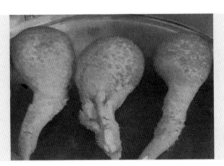

图8-22 选取成熟适度的子实体

② 采集孢子。将按照组织分离方法洗涤得到的子实体，用小刀切取尖端，悬挂在三角瓶棉塞下端的不锈钢弯钩上。通过悬挂虫草子实体，使顶端朝下。塞上棉塞在 25℃下培养，12～24h 后子囊孢子落下，形成孢子印时立即移到 PDA 琼脂平板培养皿上培养（琼脂平板用 PDA 培养基灭菌后倒在培养皿上冷却而成）。单个孢子通常是无色透明的，许多孢子堆积到一起会显出颜色（图 8-23）。

图8-23　采集孢子

③ 孢子分离。收集到孢子后应进行分离，不经分离的成堆孢子也能长出蛹虫草菌丝来，但由于孢子发育不一致，其中有少数发育畸形或生长力差的。因此，收集的孢子应该经过分离筛选后，选得优良的菌丝才能制取母种。孢子分离时通常用稀释法，即在无菌操作条件下，将少量孢子移入盛无菌水的三角瓶内稀释成孢子悬浮液，其浓度以1滴水中含5～10个孢子为宜（需要用显微镜观察）。如浓度大于此数，则用无菌水再稀释1次，直到符合要求为止。然后用无菌注射器吸取孢子液滴于琼脂平板上或PDA试管斜面培养基上进行培养。

④ 培养。25℃恒温培养2天以后，培养基上开始出现星形菌落。以后每隔2天观察1次菌落的生长速度、密与疏等形态特征。一般3天培养基已有少的菌丝生成，5天后培养基上已经形成大量的菌丝。

⑤ 母种纯化。在蛹虫草菌种筛选的过程中，母种的纯化工作尤为重要。选取最优菌落的先端菌丝，用接种刀切取尖端进行转接提纯。提纯时可以同时多接几支试管，提纯并经出草试验后，所得母种作为栽培生产用种。纯化可以保证该菌种的纯度，并且可以起到脱病毒的作用，使菌种保持原有品种的遗传物质，恢复原来的生活力和优良种性，达到复壮的目的。

2. 母种扩大繁殖及保藏

（1）母种扩大繁殖　选取无污染菌丝优良的试管菌种，用接种棒划取带培养基的小块菌种接到斜面培养基或培养皿中，放置生化培养箱中，22℃、避光培养 7～10 天。待菌丝铺满试管斜面或培养基平面，打开光源，见光培养 2～3 天，选取转色好、无污染的作为栽培母种，用于制备液体菌种。一般 1 支斜面种第一次扩接 20 支，第二次用这 20 支再扩大，每支扩接 20 支，共得斜面种 400 支。在培养过程中要及时挑出污染母种试管，因为下一环节要进行原种或液体摇瓶培养，微小的污染会导致"全军覆没"。

（2）优质母种质量标准　菌丝洁白、粗壮浓密，呈匍匐状紧贴培养基生长，边缘整齐，无明显茸毛状白色气生菌丝，后期分泌黄色色素，菌丝见光后变为橘黄色。如菌丝收缩脱壁，气生菌丝过多，为劣质菌种。一般来说转色越快、颜色越深的菌种出草越早、产量越高，反之则不出草或产量很低。

（3）母种的保藏　一般用试管菌种在 4℃保藏，保藏时间在 30 天内。保藏时间过长菌丝生长速度变慢及菌落形态发生改变，菌落的角变率明显提高。

3. 蛹虫草原种（二级种）的生产

蛹虫草生产中，除了一级菌种（试管种）外，其他不宜用固体菌种。因为，在固体菌种生产过程中，往往菌丝体一边生长，一边形成子实体，同时产生大量分生孢子。用其作为菌种栽培蛹虫草，产量极低。目前，除个别小型栽培户由于条件限制使用固体菌种，大部分使用液体菌种。液体菌种有成本低、时间短、萌发快、生长快、纯度高、接种均匀、生长点一致、自动化程度高、污染率低、效益好等特点，一般采用液体菌种作为原种接种栽培料。

（1）培养基配方

① 马铃薯培养基：马铃薯 20%、葡萄糖 2%、蛋白胨 5%、磷酸二氢钾 0.2%、硫酸镁 0.15%、pH6.5。

② 玉米粉培养基：玉米粉 2%、葡萄糖 2%、蛋白胨 5%、磷酸二氢钾 0.2%、硫酸镁 0.15%、pH6.5。

（2）制作培养基、装瓶、灭菌　具体做法是：取 1000ml 水，煮沸后分别加入可溶性药物，然后将调成糊状的可溶性淀粉徐徐加入，最后用 5% 的盐酸或 5% 的氢氧化钠溶液调 pH 至 6.5～7.0。将培养液分装入 500ml 锥形瓶内，每瓶 100～150ml，每瓶加 10 个玻璃珠，然后用 12 层纱布外加一层牛皮纸封口，一般 115℃ 灭菌 30min。

（3）摇瓶接种、培养　冷却后在无菌条件下接入斜面菌种一小块，每支斜面可接 5 个摇瓶。接种后在 20～22℃ 环境下避光静置 1～2 天，确保无杂菌后放在摇瓶机上，控温 22℃，旋转式摇床转速为 160r/min，振动培养。一般培养 5 天可以看到直径约 2mm 的菌丝球均匀地布满透明的橙黄色营养液，此时停止培养。由于液体菌种易老化，因此长好后应立刻使用。由于液体菌种不能放置时间太长，因此生产中一定要按生产日期分期、分批合理安排。若出现颗粒少、沉入底部、均匀度不一致，液体黏稠度低，出现恶臭或刺鼻气味都是污染了杂菌的结果，坚决不能用，否则长出的不是蛹虫草，而是杂菌。为了进一步鉴定其是否为优质菌种，应选择性地挑几瓶于散光下放置。如果 3～7 天气生菌丝转为金黄色，表明此菌种种性优良、结实能力很强，可以放心使用，否则应慎用。

（4）保藏　在 4℃ 条件下保藏。

（5）质量要求　取样，目测培养液澄清，菌球密集，无杂质，色泽棕黄，气味香甜，菌丝球似小米粥，无自溶、脱壁现象，显微镜镜检无杂菌菌丝为合格菌种（图 8-24）。

图8-24　摇瓶液体菌种

4. 栽培种（液体菌种）制备

作为栽培种的液体菌种，多用发酵罐生产。

（1）工艺流程及配方

① 工艺流程。发酵罐清洗和检查→空消（对发酵罐体灭菌）→液体培养基配制→装罐→实消（培养基灭菌）→接种→发酵培养→取样检测→发酵终点确定→接出菌种。

② 培养基配方。同原种配方。

（2）具体步骤

① 装罐、灭菌。按培养基配方将培养料装入发酵罐中，60L发酵罐装料50L培养液，在121℃条件下热力灭菌1h。

② 接种。培养料冷却到25℃以下，严格按照无菌操作要求，进行发酵罐接种，每个发酵罐接1000～1500ml原种。

③ 培养。温度22℃，培养初始pH值为6.5，培养时间84～96h，灌压0.02～0.04MPa，通气量1:0.8（图8-25）。

图8-25 发酵罐液体菌种

④ 质量要求。从发酵罐出料口取样，目测培养液澄清、菌球密集，无杂质，色泽棕黄，气味香甜，菌丝球似小米粥，无自溶、脱壁现象，显微镜镜检无杂菌菌丝为合格菌种。

⑤ 贮存。16℃条件下，可安全存放24h。

5. 栽培种盆（瓶或袋）的生产

（1）栽培原料、配方及生产流程

① 栽培原料、配方：栽培主料一般是选取无霉变、新鲜、质量优的小麦、大米等，现在主要采用小麦为主要原料的配方，小麦与营养液的质量比为1:（1.5～1.6），其中营养液成分为磷酸二氢钾2g，硫酸镁0.5g，维生素 B_1 10mg，加水1000ml、pH6.5。通常每

盒装干小麦 450g，在栽培孢子头品种时可以每盆用干小麦 400g，豆粕 50g。

② 生产流程：选料→装料→灭菌→冷却→接种。

（2）具体步骤

① 装料。培养料的配制按照营养配方比例，将主料、营养液进行配料。一般在方形或圆形的塑料盒栽培蛹虫草，塑料盒深度约 12cm，宽度或直径可根据需要进行定制。例如用长 38cm、宽 28cm、高 12cm 的盆可装小麦 450g，加营养液 650g（批量生产前少量蒸几盆培养基，根据原料情况确定加水量）。分装一般用定制的原料定量盛装容器和定量装水（或营养液）的容器，要求误差尽量小，用特制容器分装迅速，效率高。装好料后用一层聚丙烯薄膜（长 46cm、宽 36cm、厚度 0.04～0.05mm）封口（为了增加后期透光效果，一般不用低压聚乙烯膜封口，因为它的透光性较差），用橡皮筋扎紧。500ml 瓶子装料 30g，45～50ml 营养液，用聚丙烯薄膜（长 14cm、宽 14cm、厚度 0.05cm）封口。17cm×33cm 袋装料 60g，90～100ml 营养液，用橡皮筋扎紧（或套上双套环）。

夏季生产，停置时间不宜超过 1～2h，防止培养料酸败，造成营养损失，导致栽培损失（图 8-26～图 8-30）。

图8-26　装盆

图8-27　盆放在手推车上

图8-28　装瓶装麦

图8-29　加营养液

图8-30　封口

　　② 灭菌。培养料配制分装后，把培养盆（瓶）放在架子上，灭菌锅内加适量的水，即可装架灭菌。灭菌时栽培容器必须放平放正，以利于保持培养基平整和今后整齐出草。灭菌是蛹虫草栽培中的重要环节，批量生产中，产生杂菌是导致成品率低，甚至失败的主要原因之一。高压灭菌时加热后当压力上升至0.05MPa时，开启放气阀放气，指针回至0后关上，当指针继续上升到0.15MPa时，调节放气阀维持该压力2h，停止加热。常压灭菌后，关闭开关，待锅内压力降到0，温度降到50～70℃时，即可打开锅门，取出灭菌容器。

　　培养料灭菌时应注意以下几点：第一，无论采用哪一种类型的常压灭菌锅，都要求锅的密封要好，否则，难以达到100℃，灭菌不彻底。第二，灭菌在保温灭菌前必须放尽冷气，使消毒锅内温度均匀一致，不留死角。第三，加热灭菌时，要求一直保持上大气，不能间歇。另外，常压灭菌需要时间较长，用土蒸锅的要注意锅中水位，随时补水，防止烧干锅。补水时一定要补给热水，以防温度下降。第四，灭菌锅内培养盆的数量和密度按规定放置，如放置数量过多、密度过大，灭菌时间要相对延长。第五，控制升温与排气速度。采用高压蒸汽灭菌时，开始排放冷气宜慢不宜快，灭菌结束后，让其自动降温降压，不可操之过急，以免封口的塑料薄膜脱落。采用常压蒸汽灭菌时，开始升温不可太快或者太慢，升温太快，封口的塑料薄膜容易脱落，升温太慢可能出现培养料发酵变质的现象。第六，不可抢温出锅。如果温度还在70℃以上时打开锅盖，由于灭菌锅内外温差太大（尤其是冬季），封口的橡皮筋容易脱落。

灭菌后培养料的质量判断：灭菌后的培养料疏松度状态，将会影响到日后的蛹虫草生长。灭菌后培养料的标准是小麦松软而不烂，小麦表皮呈现麻纹状，即疏松透气而又不太干。如果培养料太湿，含水量过大，培养料通气性太差，影响后期蛹虫草菌丝、草体生长氧气、水分需求；菌丝只生长在培养料的表面，影响产量；反之，培养料太干，培养料释放营养物质有限，菌丝纤细生长缓慢无力，难以转色出草，造成栽培失败（图8-31～图8-34）。

图8-31　盆摆在轨道车

图8-32　盆入锅

图8-33　瓶入锅

图8-34　灭菌

③ 冷却。灭菌后培养料的冷却是培养料接菌前的重要工作，将灭菌后的栽培容器移到紫外线、气雾消毒剂（二氯异氰尿酸钠），$4g/m^3$ 消毒处理的冷却室，栽培容器连同周转筐在冷却室内整齐摆放，并且预留通道，栽培容器冷却至 20℃时，方可接种。由于在冷却的过程中存在冷热空气的交换，这样栽培瓶（袋）就可能在冷却室中造成冷空气回流带来的污染。因此冷却室必须进行清洁消毒，最好有降温措施，能在最短的时间内将培养料降至 20℃，降低污染的风险（图 8-35、图 8-36）。

图8-35　出锅

图8-36　冷却

④ 接种。接种工作是蛹虫草生产中决定成品率高低的关键因素之一，生产者对此十分重视。小规模生产采用接种勺和连续注射器，大规模生产采用专用接种枪，技术要点如下。接种勺方法是无

菌状态下将盆一侧揭开一条缝，用接种勺舀一勺液体菌种倒入瓶内，盖好封口膜。连续注射器方法是在无菌操作下，将罐头瓶口薄膜用 75% 的酒精溶液消毒。用消过毒的一次性医用注射器或大注射器吸入液体菌种，把薄膜及橡胶圈掀开一些缝隙注入菌种后，封好瓶口。由于接种枪效率高，目前一般使用接种枪接种，以下是其具体方法，以供参考。

图8-37　接种室

a. 接种室消毒　接种室要进行两次消毒。接种前用气雾消毒剂二氯异氰尿酸钠（4g/m³）点燃熏蒸消毒，同时打开紫外灯照射。使用时需再次进行消毒，首先将已灭菌并冷却的培养基、接种工具、酒精灯、支架、酒精棉球、打火机等放入接种室内，开启紫外线灯照射消毒 30min，每立方米空间用气雾消毒剂 4g，点燃后闷 30min。接种前将接种管、接种枪等置于高压锅中在 121℃灭菌 60min，然后放入接种室备用（图 8-37）。

b. 液体菌种处理　振荡培养的液体菌种，可直接用来接种。但对于菌球浓度较大，栽培生产用种量又多的情况，就需要对液体菌种进行稀释。在无菌室的超净工作台上，点燃酒精灯，将菌瓶的瓶颈放在火焰上方进行转动烘烤几圈，在火焰上去掉瓶塞，瓶口不能离开火焰，同时将瓶的封口膜去掉，在焰上方将液体菌种倒入无菌水（或营养液）进行稀释，通常摇瓶培养的菌种稀释 5 倍左右，吹氧发酵培养的可稀释 10 倍左右。稀释液浓度大则发菌快，但出草芽密，商品草成品率低；稀释液浓度低，则发菌慢，增加污染杂菌概率。因此要根据生产实际，选择适当的稀释浓度，在保证成草率的同时，又可降低成本（图 8-38～图 8-41）。

图8-38　无菌水瓶瓶口消毒

图8-39　液体菌种瓶口消毒

图8-40　液体菌种稀释

图8-41　盖好稀释好的液体菌种

c. 接种具体方法　接种前接种人员穿戴消毒过的衣服，戴上口罩进入接种室，迅速关好门，防止门外空气杂菌孢子进入，增加染菌机会。接种枪先吸射75%的酒精2～3min（为了节约酒精，可将吸射的酒精射到接受容器内，隔天作为酒精棉球循环使用）后，吸射无菌水除去酒精，把接种枪吸液针（一般为16#针头）插入稀释好的菌种瓶胶塞，要尽量减少接种操作时间。正式接种前，先放出200ml液体菌种冲净管内残留的酒精，然后再接种。接种时，3人一组，一人接种，一人揭开薄膜、封口，一人搬运。接种工具、操作人员双手等用75%酒精擦拭消毒，操作时减少人员走动，每次操作时间，不宜过长，以免接种区内气体交换导致杂菌基数增多。在接种环节上真正的无菌区是在酒精灯火焰区上方3～5cm处，所以盆（瓶）口尽可能接近无菌区，尽可能按操作规程去操作。每个栽培盒接入液体菌种10～20ml（根据栽培盒的大小确定不同的接种量），每个栽培瓶从瓶口注入5ml液体菌种，液体菌种最好均匀喷散在培养基表面，接种后封好口后，转入发菌室进行菌丝的培养。接种过程中为防止外界带杂菌的空气侵入，应做到小心轻放，一般三人 2h 可接种 1000 盆。接种后，先静置 48h，以便液体菌种在培养料内定植。

袋栽的接种方法基本同瓶栽，用液体菌种接种时，将扎绳解开，以和瓶栽相同的菌种量在上方注入菌袋内，然后再扎上。用固体菌种接种的方法与其他菌类基本相似，这里不再叙述。需要强调的是虽然蛹虫草的感染力很强，菌丝在培养基内生长很快，但固体菌种在培养基的表面向四周培养基延伸却很慢。因此，固体菌种接种时要让菌种块在培养基的表面滚动，以增加菌丝与培养基的接触面，这样很快就在培养基表面形成无数的小星状菌落，4～5 天后这些星状菌落便连成片状，不但起到封面作用，还可均匀生长。为了提高消毒效果，减少消毒药剂用量，有利于人员操作，栽培瓶连同周转筐在消毒时，可以在周转筐上面覆盖塑料薄膜，在塑料薄膜下面熏蒸消毒。接种时，逐步掀开塑料薄膜，可降低杂菌污染率（图 8-42、图 8-43）。

图8-42　吸射75%的酒精消毒接菌枪　　　　图8-43　接种

第四节　蛹虫草的养菌和转色

一、发菌期管理

当菌丝萌发后，便进入菌丝培养的日常管理阶段。蛹虫草培养室要求清洁、干燥、通风、温度恒定、避光,使用前将培养室清理干净,并提前1天用气雾熏蒸盒(4g/m³)熏蒸消毒。首先这一阶段一般2～3天菌丝封面,10～15天长满菌丝,尽量避光、少搬动,待菌盒表面菌丝茁壮致密,菌丝吃透整个栽培料,标志菌丝已达到成熟。盆前期可层叠式培养,如上架培养应直立培养2～3天,菌丝萌发定植后再上架,避免菌液及培养基倒向一侧,导致出草不齐。此时,应控制好培养环境的温度、湿度、空气、光照,观察菌丝的生长状态,调整菌丝生长的培养环境(图8-44、图8-45)。

图8-44 养菌前期　　　　　图8-45 养菌后期

1. 养菌过程的技术要点

(1)温度　蛹虫草属于中温型菌类,适宜生长温度为18～23℃,实际生产过程中,为了防止杂菌污染,建议采用低温发菌培养方式,进行管理。菌丝体培养初期,以18～20℃为宜;菌丝体培养后期即菌丝生长至培养料1/2～2/3时,温度控制在20～22℃为宜。

(2)湿度　菌丝生长期间,发菌期一般要求保持培养环境空气相对湿度65%～70%,湿度过大,杂菌容易滋生,湿度过低,培养料水分慢慢降低,影响出草产量。

(3)通风　蛹虫草菌丝生长阶段呼吸量较少,通风次数和通风时间依据具体情况而定,以保证室内空气清新为宜,即二氧化碳浓度维持在 0.3%～0.5%。一般每天通风 1～2 次，每次 20～30min（图 8-46）。

（4）光照 蛹虫草菌丝培养生长阶段，应严格避光培养，不需要光照（图 8-47）。

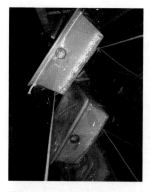
图8-46　带有过滤透气孔增加透气

图8-47　前期可层叠式暗光培养

2. 养菌过程发现的问题及解决措施

从接种第 2 天开始，每天检查一次发菌及污染情况，发现问题及时处理。检查应快速、准确，尽量缩短培养室见光时间。

（1）接种后菌种不萌发或发菌慢

① 主要原因：a. 培养基受杂菌污染，腐臭发黏。b. 菌种经火焰上方停留时间长，或接种工具火焰灭菌后未冷却就挑取菌种，造成菌种块灼伤或死种。c. 菌种悬浮液中菌丝含量不足或杂菌污染。d. 培养温度过低，菌丝生长迟缓。

② 防治措施：a. 确保培养料的灭菌效果，灭菌结束，不要急于出锅，待压力表指针至 0 后，再冷却一段时间，以防止高温出锅料瓶内外空气交换。b. 严格无菌操作，熟练操作技术。c. 若环境温度偏低，培养室要辅以加温措施，保持 20～22℃范围，以加快菌种定殖萌发迅速占领料面。d. 对接种后培养基污染严重，已腐臭发黏的培养瓶挑出后，远离培养场地，将污染料深埋，以防杂菌扩散。

（2）菌丝长满料面后，向深处吃料困难

① 主要原因：a.灭菌前，培养料未经预湿吸水，灭菌后料内上部较干，下部为粥状。b.配制培养基时，加水太多，造成灭菌后培养料黏结太紧，透气性差。

② 防治措施：a.培养料装瓶后，不要急于装锅，可先浸泡2～3h，待培养料上下均匀吸水后，再进锅灭菌。b.配制培养基加水要适量，不要过多或过少。

（3）杂菌污染处理　仅有1～2处小污染菌斑的，可用接种铲（每次蘸75%的酒精消毒）将杂菌斑点清除，重新封盆集中到一处上架继续观察和培养；对污染比较严重的重新灭菌、接种（图8-48）。

图8-48　用接种铲将杂菌斑点清除

本阶段的技术关键：在菌丝培养阶段温度控制最好做到恒温培养，切忌温度忽高忽低，否则难以高产，并且控制好培养环境空气的相对湿度。菌丝培养10～15天培养料面白色菌丝浓密，长满料面，出现鼓包突起，这说明菌丝已经吃透培养料，微光能够显现菌丝微微变黄转色，此时即可转入下一阶段管理。

二、转色管理

1.转色过程中的技术要点

经10～15天菌丝长透后，表面出现一些小隆起，就要进行转色管理，时间为3～5天。蛹虫草的转色阶段是个重要的生理阶段，它标志着菌丝营养积累已经结束并开始分化子实体，即形成原基。这时期需要一种特殊的环境条件，使原基分化按照人为方式进行。转色好与坏，决定着出草的数量和质量，如果转色不好、不转色或转色不足，都将导致不出草（图8-49～图8-51）。

图8-49 转色前期

图8-50 转色中期

图8-51 转色后期

（1）温度 转色期温度控制在21～23℃，温差控制在2～3℃。

（2）湿度 转色期间，通过地面洒水或空中喷雾的方式，保持培养室的空气相对湿度在75%左右。

（3）光照 光照是转色成败的最关键因素，转色时可利用日光灯照射，有条件的可用光源调节箱和调控设备调节LED灯照明强度，每天光照时间18～20h，光照强度200～300lx，尽量保证光照均匀，否则子实体会向强光方向生长。

此阶段光照时间不足，光线太弱，菌丝就不能很好地转色，子实体呈淡黄色。应该注意，光照时间是不可间断的，断断续续地累计时间是不能完成转色的。此外，要发满菌后再进行光照，否则容易发生"簇生草"、"边草"的情况，而很难使整个料面整洁地呈现原基并"长草"（图8-52）。

图8-52 日光灯照射

发菌过程中，人为活动经常能使菌丝见光，时间较长，造成菌丝的自然转色，其后果是发生"边草"、"粗草"、"簇生草"等畸形草，影响产量和数量。

（4）通风　转色时应增加培养室的通风量，通风时间最好安排在早晚各一次，每次5～10min，此时室外空气相对新鲜，可保持培养室室内空气清新。

2.转色过程中发现的问题及解决措施

（1）菌丝长势很好，但不转色　见图8-53。

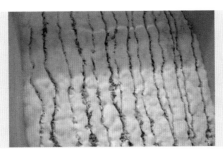

图8-53　菌丝长势很好，但不转色

① 主要原因：配料中氮素偏高；培养室光线布置不匀；在培养室环境温度过低；母种退化。

② 防治措施：a.采用科学配方，配料中严格掌握各成分的组合比例。对料面结被的弃去表层菌被、适量补加低浓度含碳营养液。b.调整培养室光照强度200～300lx，使菌丝受光均匀，不存死角。c.进入生殖生长期管理后，要及时调整室内培养温度18～23℃，结合通风，促其转色。d.定期对菌种进行选育和复壮，认真做好育种、选种工作。

（2）转色过深或者过浅

① 主要原因：光照时间过长或过短；光照强度过大或过小；光照不均匀。

② 防治方法：有条件的用光源调节箱和调控设备调节LED灯

照明强度，每天光照时间 18～20h，光照强度 200～300lx，尽量保证光照均匀。

第五节　蛹虫草出草管理

一、诱导原基

原基是蛹虫草由营养生长转变为生殖生长的标志，也是能够顺利出"草"的前提，当培养基完成转色后，应让它尽快出"草"。蛹虫草为变温结实食用菌，一般会采用温差刺激、机械搔菌（孢子头和圆头）、光照刺激、加大通风来诱导和加快原基的形成，一般7～10 天后培养基表面就会出现原基突起。

1. 机械搔菌

搔菌是诱导分化原基的一种方式，通过机械划破菌丝表皮，使菌丝由营养生长转变为生殖生长，原基分化集中，出草均匀，成品率高。一般品种不用搔菌，孢子头和圆头品种需要搔菌处理，效果更好。对搔菌菌钩和耙子进行消毒水浸泡或酒精灯灼烧等方式进行灭菌处理，在菌丝表皮均匀划线，相邻线间隔 1.5～2.0cm，深度5mm，要求划线至容器壁，深度以培养料最上层麦粒稍微破皮为准。搔菌后，用保鲜膜覆盖栽培盒保湿（图 8-54～图 8-56）。

图8-54　搔菌耙划线

图8-55　划线后料面

图8-56　原基

2. 加强光照刺激

光照强度控制在 200~300lx，每天 18~20h。注意光照不要太强，否则原基分化密，甚至形成菌被而不长子实体（图 8-57、图8-58）。

图8-57　盆栽光照刺激　　　　图8-58　瓶栽光照刺激

3. 加大温差刺激

蛹虫草原基分化温度在 15~25℃，在这范围内，创造 5~8℃的温差刺激，有利于诱发原基的分化。白天室温控制在 20~23℃，晚上要使室温降到 16~18℃，使培养室昼夜温差达 5~8℃，每天低温刺激 6~10h，连续刺激 7~10 天，促使原基分化，当出现橘黄色原基时，便进入出草期管理。

4. 加强通风管理

转色完成后，继续进行培养，当料面出现淡黄色疙瘩时，先室内消毒，然后对培养容器上的覆膜进行无菌扎孔。盆栽的在封口膜上均匀扎直径 0.2cm 的孔 6～9 个（打 2～3 排孔，每排 3 个），瓶栽的在封口膜上扎 1 个直径 0.2cm 的孔，以利菌丝呼吸透气。每天早、中、晚各通风 15～20min，保持空气新鲜（图 8-59、图 8-60）。

图8-59 打孔　　　　　　　图8-60 打6个孔

5. 保持空气湿度

空气湿度的合适与否，至关重要。子座发生正常时，应保持 75%～90% 的湿度水平，不可超过 95%，否则，未现原基的盆内将会重新长出大量的白色气生菌丝，覆盖料面不出草；低于 75% 时，料面很快失水、干缩，严重时料面出现"离壁"现象，不再出草，已现原基也将很快萎缩、死亡。

二、子实体生长期管理

在出草管理期间，当培养盆中形成大量针尖原基后，即转入出草阶段。在出草阶段注意培养室温度、空气相对湿度、二氧化碳浓度及环境调控。定期对培养室地面进行消毒处理以保持培养室清洁卫生，地面洒水保持空气相对湿度。在蛹虫草管理阶段，子实体生长旺盛，呼吸量增加，因此在此培养阶段每天适当增加通风时间，保持空气新鲜，否则培养室二氧化碳浓度过高，会引起子实体畸形。蛹虫草出草分为三个阶段：原基期、幼草期、熟草期，每个阶段的光照、温度、相对湿度及 CO_2 浓度都要根据其生长的状况进行调节，具体要点如下。

1. 原基期管理

控制温度 18～20℃，光照强度为 250～350lx，LED 灯光照 24h/d，利用加湿器控制相对湿度为 80%～85%，利用新风系统通风 3～5min/h，使 CO_2 质量浓度不高于 0.5%。空气相对湿度较之后幼草（子实体）、成草阶段大，目的是利于原基更好萌发（图 8-61、图 8-62）。

图8-61　孢子头草原基期　　　图8-62　尖头草原基期

2. 幼草期管理

控制温度 16～18℃，微控制子实体的生长速度，使子实体粗细合适，否则子实体生长速度过快、过细，后期容易出现倒伏。光照强度为 100～150lx（LED 灯，18h/d），降低光照强度，使草的颜色为浅黄色，适宜生长，如果光照过强，将使草颜色加深，抑制生长，过早进入成熟期，降低其品质和产量。空气相对湿度

70%～75%，CO_2不高于0.5%，通风3～5min/h。同时微降相对湿度，保持75%左右，控制气生菌丝及霉菌的萌发。此时期切忌通风差、温度高、湿度高，以防止虫草子座发生枝孢霉软腐病，造成绝收（图8-63、图8-64）。

图8-63　孢子头草幼草期　　　　图8-64　尖头草幼草期

3. 熟草期管理

温度控制16～18℃，促进子座头部发育，减缓子实体的生长速度，促进干物质积累，增加单草质量。光照强度为200～300lx（LED灯，18h/d），提高光照强度促进草的颜色加深，转成橘红色，使草进入成熟期。相对湿度70%～75%，CO_2不高于0.5%，通风3～5min/h（图8-65、图8-66）。

图8-65　孢子头草熟草期　　　　图8-66　尖头草熟草期

本阶段的技术关键：栽培虫草培养管理阶段，环境条件的控制是至关重要的。在对光、温、湿、气的管理上要参照蛹虫草的生物学特性，针对不同的培养期生理阶段进行调控，掌握好每一时期的关键点技术。

三、出草过程中发现的问题及解决措施

1. 菌丝正常转色后，不出草或出草稀疏

出草稀疏见图 8-67。

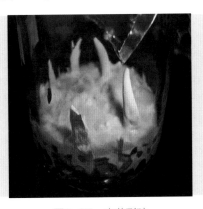

图8-67 出草稀疏

（1）形成原因

① 栽培季节选择不当，菌体转色后，遇连续低温或高温的环境条件。②培养室光照太强，通风差。③使用劣质菌种，种性较差。

（2）防治措施

① 根据当地的气候特点，选好栽培季节，避免遇到 15℃以下低温和28℃以上的高温。②拉大昼夜温差，提高相对湿度85%～90%，加大通风和保持 200～500lx 的光照。③使用经出草试验高产优质适龄菌种。

2. 菇房温度适宜时子实体长到 2～3cm 就早熟

子实体早熟见图 8-68。

图8-68 子实体早熟

（1）形成原因　光照太强，引起子实体早熟。

（2）防治措施　在刚开始出草的阶段，蛹虫草对光线的需求多一些，到了草长到2～3cm的时候，其主要需要的是氧气和适当的温度、湿度。解决方法是光照每天减少1～2h，刚开始是20h，然后慢慢缩到18h、16h，直至减到15h、12h，每天慢慢减，连续减几天之后，虫草不出现早熟的现象，而且长势好即可。

3. 蛹虫草子实体子座基部发白

子座基部发白见图8-69。

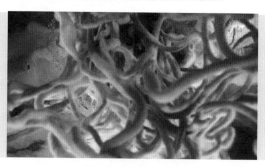

图8-69　子座基部发白

（1）形成原因　主要原因是温度高，湿度大，没有及时通风。

（2）防治措施　在子实体生长期间，一定要注意防止温度过高、湿度过大，并且要及时通风。

4. 细菌性病害

（1）危害情况　危害蛹虫草菌丝体的细菌主要有醋酸杆菌、假单胞菌、芽孢杆菌。若染此类菌，培养料变黏，颜色变深、变质并可散发出酸臭味，虫草菌丝、子实体均不能生长。

（2）防治措施　①搞好环境卫生。制种和配料时要严格消毒菌种。②培养料若发现被细菌污染，可用 0.05% 金霉素或 0.2% 漂白粉溶液喷施。

5. 霉菌性病害

（1）绿霉　见图 8-70。

① 危害情况：绿霉又叫绿色木霉，危害菌丝体、子实体，若被污染，可出现绿色菌落，扩展速度很快，能造成减产或绝收。

② 防治措施：a. 选用抗病性强的优质菌株，培养料要彻底灭菌，栽培室保持清洁。b. 绿霉病初发时可用 0.1% 多菌灵喷施于污染处，严重的应废弃并采用高压蒸汽灭菌处理，杜绝绿霉孢子再次感染。

（2）镰孢霉　见图 8-71。

图8-70　感染绿霉　　　　图8-71　感染镰孢霉

① 危害情况：培养料被镰孢霉污染后，长出的菌落初呈白色粉末状，分生孢子大量繁殖，颜色逐渐变为粉红色，主要危害虫草菌丝体、子实体。

② 防治措施：a.保持接种室、菌种室及栽培室的环境卫生，加强通风，避免相对湿度过高，保证新鲜空气，及时剔除出现镰孢霉的栽培盒，减小损失。b.病菌初发时及时挖除被污染部分，并用石灰水冲洗，严重的应废弃并采用高压蒸汽灭菌处理，杜绝链孢霉孢子再次感染。

▌ 第六节　采收、分级、干制、包装和贮藏

蛹虫草的商品质量是由多种要素构成的。在整个生产环节中，除了培养基配方和栽培管理之外，采收、加工、包装与贮藏也是不可忽视的环节。适时采收与合理加工是保证虫草质量的根本途径，而有效包装与贮藏更是提高虫草附加值的重要手段。本章主要介绍蛹虫草采收、分级、干制、包装和贮藏的方法。

一、采收

1. 采收标准

按照上述管理条件，经过15天左右，待草的颜色慢慢由浅黄色变深，草的中上部开始出现成熟的孢子，蛹虫草头部出现龟裂状花纹，表面出现黄色粉末状物（孢子即将弹射），表明已经成熟，长6～10cm即可及时采收（图8-72）。

图8-72　达到采收标准的子实体

2. 采收方法

采菇人员要身体健康，按卫生标准穿戴洁净的工作服、工作帽、口罩，在符合卫生标准的工作车间内工作。采收时，套上用酒精消毒的乳胶手套，用无菌镊子或剪刀从子座基部采下，尽量不要

碰伤子实体，同时去掉根部残渣和污物；将丛生的基部互相联结的子实体分开，并清除携带的部分培养基质。然后将采收的蛹虫草整齐地放在一起，最好直接放在洁净的烘干筛子上，以便及时烘干或晾干。注意千万不要在太阳光下暴晒，以防子实体褪色。采收要及时，采收过早，营养积累没有达到最高点，影响质量；采收过晚，子囊孢子释放，会倒伏、枯萎、腐烂，消耗营养而降低有效成分。采收完需对栽培室进行彻底清扫消毒处理（图 8-73～图 8-76）。

图8-73　剪根摘下

图8-74　采收虫草

图8-75　采后菌块

图8-76　晒干菌块

3. 采收后处理

工厂化一般只采收一茬，如小规模种植户在采收后补充一定的营养液，将培养基稍压平，再扎薄膜放到适温下遮光使菌丝恢复生长。待形成菌团后再进行光照等处理，使原基、子实体再次发生，可采收二潮虫草，产量及商品质量不如头潮菇。

4. 作为观赏虫草出售

除了采收后鲜销或干制外，还可以在子实体达到 6 分成熟时，无菌条件下将封口膜换为透明封口膜，擦净盆（瓶），贴上标签，可作为观赏虫草出售。消费者在享用之前，可增加一定的观赏享受时间，该法可以增加一定的销售利润。

二、分级

采收与分级可同时进行，按照分级标准将各等级的虫草分别放置。根据子实体按色泽、粗细、长度等不同分为四个级别，具体如下。

① 特级子实体：长 8cm 以上，淡红棕色，粗细均匀，无根基，无杂质，无烤焦，无霉变，无虫蛀，无异味；

② 一级子实体：长 7～8cm，色金黄，无白色，无根基，无杂质，无烤焦，无霉变，无虫蛀，无异味；

③ 二级子实体：长 6～7cm，色红黄，上粗下细，边皮修剪粗细均匀，无根基，无杂质；

④ 等外子实体：长 5cm 以下的剪货、渣皮、碎货等。

三、干制

1. 干制原理

蛹虫草子座含水量为 80% 左右，主要以自由水、吸附水和结合水三种形态存在。自由水以游离状态存在于细胞和组织中，受细胞渗透势和组织膨压影响，活动于细胞内外及组织间隙中，干燥时最容易除去。吸附水是指被蛋白质、氨基酸等化合物的亲水基团以胶体形式结合的水，干燥时不容易除去，但这种水只占很少一部分。结合水是有机物质的组成部分，在干燥过程中不能排出。蛹虫草子座的干制加工，就是通过水分的扩散作用排除子座中的全部自由水和部分吸附水，而使水分扩散的条件就是环境中空气湿度的降低和温度的升高。

2. 干制类型

蛹虫草的干制方法很多,概括起来有以下三种类型,分别为自然干燥法、简易设备干燥法、机械干燥法。

(1)自然干燥法 如果蛹虫草栽培的规模不大,数量不多,可采用自然干燥方式。将采收的蛹虫草子座摊放在筛帘或竹席上,置阴凉通风处进行晾晒,要经常翻动,以加速干燥。晒到含水量为12%以下时即可。自然干燥使用的工具简陋,成本低,但产品的质量得不到保证,若遇到阴雨天气,蛹虫草则易变褐、变黑,甚至霉烂(图8-77)。

图8-77 自然干燥

(2)简易设备干燥法 简易设备干制是指用自制的简易设备,一般是利用电能加热的烘干设备,用木板做成烘干箱的箱体,里面设置了多层的层架,放置烘干筛,通过在箱内设置的电阻丝来加热,使虫草表面受热促进水分扩散,以至烘干(图8-78、图8-79)。该法不受自然条件的限制,易于控制干燥条件,时间短,效率高,质量好,还可以杀死一些虫卵、霉菌的孢子等,能够提高产品的商品价值和延长保存时间。

(3)机械干燥法 干制果蔬产品、食用菌产品的机械设备都可以用来干制蛹虫草,按干燥原理分为热风干燥、远红外线干燥和真空冷冻干燥。热风干燥是利用干热风对产品从外到内加热,使其

图8-78　烘干箱内部　　　　　图8-79　烘干的虫草

中水分通过表面蒸发，并被热风带走的原理进行干燥。远红外干燥是利用远红外射线的热辐射，使产品内外同时加热，水分扩散加快，通过表面蒸发而被流动空气带走的原理进行干燥。真空冷冻干燥是利用速冻并在真空环境下，使产品中的水分直接由固体（冰）升华成水蒸气，而被真空泵抽走的原理进行干燥。前两种方法都是通过加热进行干燥的，在干燥过程中要控制好加热后的温度和加热时间，烘干后的蛹虫草呈橙黄色或棕红色，含水量为12%，质量不受任何影响，否则就可能产生褐变，复水后往往不能恢复到干燥前的状态。而后者则是在低温下进行的，复水后基本能恢复到干燥前的状态，但此法的设备投资和加工费用较高（图8-80、图8-81）。

图8-80　烘干机械　　　　　图8-81　实验室烘箱

3. 干制具体方法和注意事项

（1）具体方法 将子实体按照色泽、粗细、长度等要求分为不同的等级，整齐均匀摆放在烘干盘里，每平方米大约摆放 4.5kg。采收后的蛹虫草及时烘干，烘烤时，缓慢升温（起始温度 36℃，每小时升温 ≤7℃，烘烤温度 60℃），同步排湿，最后 1 小时 70℃烘烤，至蛹虫草含水量下降到 12% 为止。注意干燥过程最好不要翻动，当烘至触摸虫草有扎手的感觉，用手能掰断子实体时，这时说明含水量已经达到 12%，干燥可以结束了。此时的子实体容易折断，因此需要在房间放置 4～6h 回潮，注意事先在房间地面洒点清水，回潮的虫草干燥且柔软，易于包装。如果没有烘干设备，采用晒干的方法时，也要在晴朗的天气晾干蛹虫草，避开阴雨天气，否则蛹虫草子座易变褐、变黑甚至霉烂，晾干或烘干的蛹虫草含水量经检测应在 12% 以下。经过干制的蛹虫草子座其重量为鲜重的1/6，体积为鲜草的 1/3，颜色要比鲜品深些，呈橘黄色，烘干时间一般需要 6h 左右。当蛹虫草干品降至室温时，装袋或者装罐密封、遮光、低温存储。

（2）烘干过程中注意事项

① 将分级的子座均匀地摊在烘干筛上，然后进行预晒。在烘烤之前，最好预晒 2～3h，使表层大量自由水迅速蒸发，以节省能源。表面水分散发一些后，至草体发软就可以放入干燥设备中进行烘干。

② 无论采用何种干燥设备，在烘制时一定要掌握好温度、排湿、倒盘及烘烤时间。温度控制是保证质量的关键，一般干燥过程中的温度控制在 40～60℃。

③ 排湿有利于水分的蒸发，加速干燥。但排湿的同时，伴随有热量的损失。所以，当烘室（箱）中湿度达到 60% 以上时，应开始排湿。每次排湿 10～15min。时间过短起不到排湿的作用，时间过长湿度下降幅度较大。

④ 在烘干中还要倒换烘盘，一般的烘室，不同的部位之间存在着一定的温差，为了使烘干的虫草质量均匀一致，必须定时倒盘。

四、包装

包装是蛹虫草生产的最后一个环节，主要作用是保护蛹虫草的质量，以便于运输、装卸或贮藏。蛹虫草的包装材料和包装方式也是影响其商品价值及货架寿命的重要因素。具体方法是将子实体按不同的等级包装，包装环境应符合 GB/T 14881—1989《食品企业通用卫生规范》。包装材料应符合如下标准：纸质包装材料符合 GB 11680—1989《食品包装用纸卫生标准》；塑料袋、塑料膜应符合 GB 9693—1988《食品包装用聚丙烯树脂卫生标准》，GB 9696—1988《食品包装用聚乙烯树脂卫生标准》，GB 9683—1988《复合食品包装袋卫生标准》，GB 9687—1998《食品包装聚乙烯成型品卫生标准》。小袋包装外装纸盒一般装 25g 或 50g，常用聚乙烯或聚丙烯制成小袋，每 10 袋装在一个纸盒中，也可用玻璃纸袋、复合薄膜包装袋、纸盒包装、塑料盒包装，铝制包装罐也可，具有密封、防潮防虫、牢固耐久的特点。大袋包装的包装袋同样是由聚乙烯或聚丙烯塑料薄膜制成的，每袋装 500g 或更多，然后装入大纸箱中。这种包装直接供给加工企业，用于蛹虫草的深加工（图 8-82）。

图8-82 包装

五、贮藏

蛹虫草贮藏的方式方法及注意事项如下。

1. 卫生条件清洁

蛹虫草极易被虫蛀和鼠咬，一旦发生会对包装物及虫草造成直接损失和间接感染病菌。因此，贮藏前要做好防治害虫和病原菌污染的工作。使用库房前要进行彻底熏蒸消毒。杀灭杂菌和害虫，以避免病虫害发生。贮藏库要远离饲料库、养殖场、垃圾堆，并在贮藏过程中避免高温、高湿的出现，否则会加剧霉菌与害虫的活动，霉变与虫害是贮藏中最常见的现象。

2. 低温贮藏

在低温条件下，生物酶的活性降低，病原菌的活动受到抑制，因此，蛹虫草应在 0～4℃冷藏条件下保存，既可延长保藏期又可防止陈化。

3. 气调贮藏

气调贮藏即采用物理的方法排除氧气，用抽真空或充氮、充二氧化碳等方法，使氧气含量在 2%～5%，使虫草干品保藏的时间更长、品质更佳。

4. 通风贮藏

以干品贮藏的蛹虫草含水量一般控制在 12% 以下，这样的干品吸湿性很强，虽然封在塑料袋内，但还是能透过一些气体分子，包括水气分子，时间久了虫草会反潮而发霉，如果保存在空气流动性好的通风贮藏库里或置于通风阴凉处，保持相对较小的空气湿度，能延长其贮藏时限。

5. 选择良好的包装材料

应选择防潮性、气密性和韧性好的包装材料，最好采用双层包装，以防吸湿发霉和变味。

6. 放置干燥剂

在密闭贮存的容器内，放入一些生石灰、硅胶、无水氯化钙等干燥除湿剂，可防止霉变的发生。

▎ 第七节　蛹虫草加工

随着蛹虫草栽培生产的发展和人民生活水平、消费水平的不断提高，为了满足人民身体健康的需要，广大科技人员加强了蛹虫草系列保健滋补食品的开发。到目前为止，以蛹虫草为原料生产的各类产品已逾 30 种，新品种不断涌现，发展前景十分广阔。产品主要可分为营养口服液、保健茶类、保健滋补酒类、保健食品类等。人们十分重视食补的重要作用，蛹虫草作为一种药食功能兼备的珍奇真菌，除具有重要的药用价值外，还具有神奇的食补作用，对人体有明显的滋补强壮功能。例如，虫草炖母鸭主治肺气肿；虫草炖母鸡治贫血、阳痿、遗精以及腰膝酸软等症；虫草煮粥对于脱发、多痰、咳喘者，效果尤佳。虫草药膳不但在民间常见，而且在国宴上也是一类著名的菜肴。本节介绍部分蛹虫草产品的作用和生产方法，汇集了常用的一些虫草滋补药膳食谱，供大家参考选用。

一、蛹虫草菌粉、蛹虫草含片

1. 蛹虫草菌粉

目前我国有多家企业可以生产该产品，蛹虫草菌粉是用蛹虫草菌丝发酵的产物进行加工，或是用蛹虫草子实体经加工制成。由于该类产品是由蛹虫草的菌丝或子实体直接加工而成，主要药效相似，一是具有补肺益肾，止咳化痰的功能，可用于慢性支气管炎症属肺肾气虚、肾阳不足者；二是对高血压、高胆固醇、糖尿病及综合征、心脑血管供血不足、头晕头痛、胸闷等有一定疗效；三是可延缓衰老、治疗神经衰弱（图 8-83）。

2. 蛹虫草含片

蛹虫草含片是从蛹虫草中提取丰富的虫草素、虫草多糖、虫草酸和超氧化物歧化酶等具有医疗保健功效的保健产品。独有的含片形态，创新了蛹虫草口内含服、黏膜吸收新方式，极致吸收，快速起效，实现了虫草药力速释，改变了虫草吸收率低、大量浪费的落后状况，大大提高了蛹虫草对人体所起到的保健作用（图8-84）。

图8-83　蛹虫草菌粉　　　　　　图8-84　蛹虫草含片

二、蛹虫草补酒

1. 原料

洁净蛹虫草 95g；优质白酒 5kg。

2. 原料功效

白酒为水谷之气，味辛甘，性热，入心、脾经，有祛风散寒、活血祛瘀、健脾胃的功效，还有增进食欲、助药力、振精神之效，可以治疗关节酸痛、腿脚软弱、肚冷体寒等症。蛹虫草制成酒剂（图8-85），能使有效成分充分溶出，效力提高，但应注意适量饮酒。

3. 用法

① 将盛补酒容器清洗干净，用开水烫一下，倒入白酒。

② 将蛹虫草切碎浸泡于白酒中，加盖密封好，在室内阴凉干燥处贮放。7～15 天后启封饮用。

图8-85　蛹虫草酒

③ 每日饮 3 次，每次 10～20ml；早午晚各空腹服用 1 次。

4. 说明

① 白酒与蛹虫草的分量、每天的饮用量皆可以变化，只是效果不相同。

② 服用前，检查补酒是否有变质污染的异常气味，如有必须停止饮用，防止产生不良后果。

③ 服用者如酒量小，服用时可以加少量冷开水冲淡服用。

④ 服用后，如产生不良反应如呕吐、心跳加速、血压升高等，应停止服用，以上反应通常为白酒量过多所致，应该在医生指导下服用。

⑤ 补酒贮放时避免阳光直射，防止降低药效。

5. 功效

补肺平喘，止咳化痰，有兴肾之功。本品主治痰多喘咳、病后体弱、精神萎靡、浑身无力、食欲不振、失眠多梦、腰膝酸软等。

三、蛹虫草口服液

蛹虫草口服液是以蛹虫草子实体粉碎物的浸取液为主要原料，加入一定量的蜂蜜或白糖调味而成的健康饮料，不仅口感良好，而且具有蛹虫草的多种滋补保健功能。

1. 原料与设备

① 原料：蛹虫草子实体、蜂蜜或白糖。

② 主要设备：超微粉碎机、吹风机、封口机。

2.工艺流程

选料→清洗→风干→粉碎→浸泡→过滤→加热抽提→过滤→勾兑→灭菌→包装→成品。

3.制作方法

① 选料：要求选取无杂质、无发霉变质的蛹虫草子实体。

② 清洗：将子实体用清水冲洗干净。

③ 风干：用吹风机吹干或晾干子实体。

④ 粉碎：用经过消毒的粉碎机粉碎子实体。

⑤ 浸泡：将蛹虫草粉用 76～79℃的热水浸泡 2.5h。

⑥ 过滤：过滤后将溶液低温保存备用。

⑦ 加热抽提：将滤渣加入适量水，在 98℃的水浴锅上加热抽提虫草多糖 10h。

⑧ 过滤：过滤后，将滤液并入前滤液中成为营养液。

⑨ 勾兑：营养液加入蜂蜜或白糖经过勾兑，即为蛹虫草口服液。

⑩ 灭菌：经高温蒸汽灭菌。

⑪ 包装：定量分装入已灭菌的瓶内；封盖包装。

四、蛹虫草开水泡茶

（1）原料：蛹虫草干品 0.3g 或鲜品 2～4g，70 ℃开水。

（2）用法：取蛹虫草干品 0.3g 或鲜品 2～4g，浸泡于 150ml 开水中，10min 后饮服，可再次加水浸泡服用，后将蛹虫草吃下（图 8-86）。

图8-86　蛹虫草开水泡茶

（3）功效：主治肺虚咯血、心悸失眠、产后体虚。

五、蛹虫草营养面条

（1）原料：蛹虫草菌种、小麦、面粉。

（2）工艺流程：小麦粒→选杂→浸泡→装瓶→灭菌→接种→培养→烘干→粉碎→配料→和面→切面→烘干→包装。

（3）制作方法：麦粒选杂后，浸泡 10～12h，含水量要求 38%～40%；将麦粒装入罐头瓶，用聚丙烯薄膜封口，121℃高压灭菌 2h；无菌条件下接入蛹虫草菌种；25℃条件下培养；蛹虫草菌丝长满麦粒后，倒出烘干，不能烤焦；粉碎烘干的麦粒，过 160 目筛；蛹虫草菌粉和面粉按 1：100 的比例混合；将混合粉加水搅拌，压成面片切成面条，烘干；切短包装（图 8-87）。

图8-87　蛹虫草营养面条

另外，可将蛹虫草子实体或菌丝体粉碎成粉末，按比例掺加到各种食品原料中，制成各类食品，于保质期内食用。制作方法与功效同蛹虫草营养面条。

六、蛹虫草炖牛肉

（1）原料：蛹虫草 15g，牛肉 250g。

（2）原料功效：牛肉（黄牛肉性温，水牛肉性平）可以补气养血、补脾养胃、强筋健骨、利水消肿，为滋补强壮的补品（图 8-88）。

（3）做法：将牛肉切成小块；和蛹虫草一同放入锅中，放入调料等，加适量水，用文火煮至烂熟，连汤服用。

（4）功效：可治贫血、阳痿、性欲减退等。

图8-88　蛹虫草炖牛肉

七、蛹虫草炖母鸡

（1）原料：蛹虫草 10g，母鸡 1 只，生姜、精盐、调料适量。

（2）原料功效：母鸡有益于老人、产妇及体弱多病者；生姜味辛，性温。

（3）做法：将母鸡去毛及内脏，剁爪，把蛹虫草洗净后放入母鸡腹内，用线缝好，一同大锅调料，用文火煮烂，连汤服用。

（4）功效：滋补佳品；具有滋阴补精，益气养血之功效，可用于体弱多病、产后虚弱、肾虚腰痛、虚劳咳喘者；味道鲜美，是老人、产妇及体弱多病者的调养之佳品（图 8-89）。

图8-89　蛹虫草炖母鸡

附　录

附录1　名词注释

食用菌：能够形成大型肉质或胶质的子实体或菌核类组织并能供人们食用或药用的一类大型真菌，俗称"蘑菇"或"菇"、"蕈"。

木腐型食用菌：以木质素为主要碳源的食用菌。野生条件下生长在死树、断枝等腐木上，栽培时可以用椴木或木屑等作材料，如香菇、木耳、灵芝等。

草腐型食用菌：以纤维素为主要碳源的食用菌。野生条件下生长在草、粪等有机物上，栽培料应以草、粪等为主要原料，不需消耗林木资源，如双孢菇、姬松茸、草菇等。

菌丝体：食用菌的孢子吸水膨大，长出芽管，芽管不断分枝伸长形成管状的丝状群，通常将其中的每一根细丝称为菌丝。菌丝前端不断地生长、分枝并交织形成菌丝群，称为菌丝体。

子实体：子实体是由已分化的菌丝体组成的繁殖器官，是食用菌繁衍后代的结构，也是人们主要食用的部分。伞菌子实体的形态、大小、质地因种类的不同而异，但其基本结构相同，典型的子实体是由菌盖、菌褶、菌柄和菌托等组成。

菌种：人工培养并可供进一步繁殖或栽培使用的食用菌菌丝体，常常包括供菌丝体生长的基质在内，共同组成繁殖材料。优良的菌种是食用菌优质、高产的基础，对食用菌生产的成败、经济效益的高低起着决定性作用。

母种（一级种）：是指在试管上培养出的菌种，是采用孢子分离或子实体组织分离获得的纯菌丝体。再经出菇实验证实具有优良性状及生产价值的菌株。

原种（二级种）：是将母种接到无菌的棉籽壳、木屑、粪草等固体培养基上所培养出来的菌种，二级种常用瓶培养，以保持较高纯度。二级种主要用于菌种的扩大生产，有时也作为生产种使用，如猴头、金针菇用二级种作生产种。

栽培种（三级种）：由原种转接、扩大到相同或相似的培养基上培养而成的菌丝体纯培养物，直接应用于生产栽培的菌种，也称三级菌种。三级种可用瓶作为容器培养，也可用耐高温塑料袋作为容器培养。

碳源：指供应食用菌细胞的结构物质和代谢能量的物质，是构成细胞和代谢产物中碳架来源的营养物质。食用菌的碳源物质有纤维素、半纤维素、木质素、淀粉、果胶、戊聚糖类、有机酸、有机醇类、单糖、双糖及多糖类物质。

氮源：指能被食用菌吸收利用的含氮化合物，是合成食用菌细胞蛋白质和核酸的主要原料。食用菌的氮源物质有蛋白胨、氨基酸、酵母膏、尿素等。

碳氮比：培养料中碳的总量与氮的总量的比值，表示培养料中碳氮浓度的相对量。一般食用菌的营养生长阶段的碳氮比为 20:1，而生殖阶段碳氮比为（30~40）:1，但是不同的食用菌要求最适碳氮比不同。

变温结实：食用菌形成原基和子实体时，其生长环境的温度必须有较大的温差变化，这种食用菌的出菇方式就是变温结实，常见的食用菌有香菇、金针菇、平菇等。

恒温结实：子实体分化时不要求温度的变化，变温刺激对子实体分化无促进作用。常见的食用菌有木耳、灵芝、猴头菇、草菇、大肥蘑菇等。

灭菌和消毒：灭菌是用物理或化学的方法杀死全部微生物。消毒是用物理或化学的方法杀死或清除微生物，或抑制微生物的生长，从而避免其危害。

常压灭菌：是将灭菌物放在灭菌器中蒸煮，待灭菌物内外都升温 100℃时，视灭菌容器的大小维持 12～14h。此法特别适合大规模塑料袋菌种或熟料栽培菌筒的灭菌。

高压灭菌：用高温加高压灭菌，不仅可杀死一般的细菌，对细菌芽孢也有杀灭效果，是最可靠、应用最普遍的物理灭菌法。高压蒸汽灭菌主要用于母种培养基灭菌，也可用于原种和栽培种培养料灭菌。一般琼脂培养基用 121℃（压力 1kg/cm²）、30min，木屑、棉壳、玉米芯等固体培养料 126℃（压力 1.5kg/cm²）、1～1.5h，谷粒、发酵粪草培养基 2～2.5h，有时延长至 4h。

生料栽培：培养料不经过灭菌处理，直接接种菌种从而栽培食用菌的栽培方法。

发酵料栽培：将食用菌培养料经过堆制发酵处理后再接种栽培的叫发酵料栽培。发酵料栽培是介于生料和熟料两者之间的方法，也称半生料栽培。

熟料栽培：以经过高压或常压灭菌后的培养料来生产栽培食用菌，这种栽培方式称为熟料栽培。

勒克斯：简称勒，用 lx 表示。亮度单位，指距离一支标准烛光源 1m 处所产生的照度。在正常电压下，普通电灯 1W 的功率相当 1 烛光，或 1lx。如 100W 的电灯，1m 处的光照度为 100 烛光，或者 100lx。

空气相对湿度：表示空气中的水汽含量和潮湿程度的物理量，测定常用干湿球温度计。干湿球温度计是应用干湿温差效应的一种气体温度计，又称温湿度计，用来观察温度和空气相对湿度。

酸碱度：水溶液中氢离子浓度的负对数，用 pH 值表示。酸碱度的应用范围在 1～14 之间。pH7.0 为中性，小于 7.0 为酸性，大于 7.0 为碱性，pH 值愈小，酸性愈大，pH 值愈大，碱性大。

生物学效率：鲜菇质量与所用的干培养料的质量百分比。如 100kg 干培养料生产了 80kg 新鲜食用菌，则这种食用菌的生物学效率为 80%，生物学效率也称为转化率。

附录2　常用主辅料碳氮比（C/N）

类别	原料名称	碳素（C）/%	氮素（N）/%	C/N	类别	原料名称	碳素（C）/%	氮素（N）/%	C/N
草料	麦草	46.5	0.48	96.9	粪肥	马粪	12.2	0.58	21.1
	大麦草	47.0	0.65	72.3		黄牛粪	38.6	1.78	21.7
	玉米秆	46.7	0.48	97.3		奶牛粪	31.8	1.33	24.0
	玉米芯	42.3	0.48	88.1		猪粪	25.0	2.00	12.5
	棉籽壳	56.0	2.03	27.6		羊粪	16.2	0.65	25.0
	葵籽壳	49.8	0.82	60.7		干鸡粪	30.0	3.0	10.0
农产品下脚料	麦麸	44.7	2.20	20.3	化肥	尿素 CO（NH$_2$）$_2$	46.0		
	米糠	41.2	2.08	19.8		碳酸氢铵 NH$_4$HCO$_3$	17.5		
	豆饼	45.4	6.71	6.8		碳酸铵（NH$_4$）$_2$CO$_3$	12.5		
	菜籽饼	45.2	4.60	9.8		硫酸铵（NH$_4$）$_2$SO$_4$	21.2		
	啤酒糟	47.7	6.00	8.0		硝酸铵 NH$_4$NO$_3$	35.0		

附录 3　培养基含水量计算表

培养基含水率 /%	100kg 干料应加入的水 /kg	料水比（料水）	培养基含水率 /%	100kg 干料应加入的水 /kg	料水比（料水）
50.00	74.00	1 ∶ 0.74	58.00	107.10	1 ∶ 1.07
50.50	75.80	1 ∶ 0.76	58.50	109.60	1 ∶ 1.10
51.00	77.60	1 ∶ 0.78	59.00	112.20	1 ∶ 1.12
51.50	79.40	1 ∶ 0.79	59.50	114.80	1 ∶ 1.15
52.00	81.30	1 ∶ 0.81	60.00	117.50	1 ∶ 1.18
52.50	83.20	1 ∶ 0.83	60.50	120.30	1 ∶ 1.20
53.00	85.10	1 ∶ 0.85	61.00	123.10	1 ∶ 1.23
53.50	87.10	1 ∶ 0.87	61.50	126.00	1 ∶ 1.26
54.00	89.10	1 ∶ 0.89	62.00	128.90	1 ∶ 1.29
54.50	91.20	1 ∶ 0.91	62.50	132.00	1 ∶ 1.32
55.00	93.30	1 ∶ 0.93	63.00	135.10	1 ∶ 1.35
55.50	95.50	1 ∶ 0.96	63.50	138.40	1 ∶ 1.38
56.00	97.70	1 ∶ 0.98	64.00	141.70	1 ∶ 1.42
56.50	100.00	1 ∶ 1.00	64.50	145.10	1 ∶ 1.45
57.00	102.30	1 ∶ 1.02	65.00	148.80	1 ∶ 1.49
57.50	104.70	1 ∶ 1.05	65.50	152.20	1 ∶ 1.52

注：风干培养料含结合水以13%计。每100kg干料应加入水的计算公式如下。

100kg干料应加入的水（kg）=（含水量-培养料结合水）/（1-含水率）×100%。

附录4　常见病害的药剂防治

药品名称	使用方法	防治对象
石碳酸	3%～4%溶液环境喷雾	细菌、真菌
甲醛	环境、土壤熏蒸、患部注射	细菌、真菌
苯扎溴铵	0.25%水溶液浸泡、清洗	真菌
高锰酸钾	0.1%药液浸泡消毒	细菌、真菌
硫酸铜	0.5%～1%环境喷雾	真菌
波尔多液	0.1%药液环境喷雾	真菌
石灰	2%～5%溶液环境喷洒，1%～3%比例拌料	真菌
漂白粉	0.1%药液环境喷洒	真菌
来苏尔	0.5%～0.1%环境喷雾；1%～2%清洗	细菌、真菌
硫黄	环境熏蒸消毒	细菌、真菌
多菌灵	1∶800倍药液喷洒，0.1%比例拌料	真菌
苯菌灵	1∶500倍药液拌土；1∶800倍药液拌料	真菌
百菌清	0.15%药液环境喷雾	真菌
代森锌	0.1%药液环境喷洒	真菌
二氯异氰尿酸钠	100倍拌料，30～40倍注射或喷雾	细菌、真菌

附录5　常见虫害的药剂防治

药剂名称	使用方法	主要防治对象
石碳酸	3%～4%溶液环境喷雾	成虫、虫卵
甲醛	环境、土壤熏蒸	线虫
漂白粉	0.1%药液环境喷洒	线虫
硫黄	小环境燃烧	成虫
10%氯氰菊酯	2000倍药液喷雾	菇蚊、菇蝇
80%敌百虫	1000倍药液喷雾	菇蚊、菇蝇
20%氰戊菌酯	2000倍药液喷雾	菇蚊、菇蝇
25%菊乐合酯	1000倍药液拌土	菇蚊、菇蝇、跳虫
除虫菊粉	20倍药液喷雾	菇蚊、菇蝇
鱼藤酮	1000倍药液喷雾	菇蚊、菇蝇、跳虫、鼠妇
氨水	小环境熏蒸	菇蚊、菇蝇、螨类
73%炔螨特	1200～1500倍药液喷雾	螨类

附录6 菌种生产管理

1. 母种生产管理表格

母种培养基制作记录表

配方	溶液体积/ml	试管数量/支	灭菌条件		制作日期	记录人	检查人
			时间/min	温度/℃			

母种菌种生长状况记录表

母种名称	培养设备及温度/℃	检测数量/支	长满时间/d	长势	生长速度/(mm/d)	检查时间	记录人	检查人

2. 原种、栽培种生产管理表格

原种、栽培种培养基制作记录表

配方	袋或瓶规格		装袋或瓶数量/个		灭菌条件		制作日期	记录人	检查人
	袋规格	瓶规格	装袋数量	装瓶数量	时间/min	温度/℃			

原种、栽培种培养记录表

菌种名称	培养设备及温度/℃	检测数量（瓶或袋）	长满时间/d	长势	生长速度/(cm/d)	检查时间	记录人	检查人

附录 7　车间安全生产操作规程

① 生产现场所有工作人员必须穿工作服，佩戴工作帽，穿劳保鞋，不允许穿拖鞋、高跟鞋。

② 电器控制中的紧急开关，除发现重大的设备隐患及危害人身安全时不得随意使用。故障排除后，谁停机、谁启动。故障停止按钮、手动开关、安全开关及安全警示牌，谁操作、谁恢复。

③ 设备检查、设备检修或设备清洁保养时，操作者应首先关闭电源开关并把安全警示牌挂在控制盘上。

④ 设备运转中不得打扫运转部分卫生。不得打开安全防护门。不得用手、脚直接接触运转设备，不得野蛮操作设备。

⑤ 各岗位在生产结束或日保养完成后，关闭水、气、原料管道开关，车间下班后，班长、组长、车间主任负责安全检查，断电、关窗、锁门，确保安全后才可离开。

⑥ 设备运转后严禁拆开保护罩，发生物料堵塞必须停机，待完全停机后，方可排除故障。

⑦ 机器运转时，如发现运转不正常或有异常声音，应立即停车并及时通知电动维修人员，不得擅动。故障排除后方可开机使用。

⑧ 严禁在生产现场及更衣室等非吸烟场所吸烟，生产中在岗工作人员不得擅自脱岗吸烟。

⑨ 开机前检查信号和设备部件是否正常，机器各部件和安全防护装置是否安全可靠，润滑是否良好，机器周围地面有无杂物，各参数是否符合工艺要求。

⑩ 维修设备结束后，通知本地操作人员，必须经试运转正常后方可投入使用，并跟踪带料后的运转情况。并对维修现场进行清理，现场严禁存留螺栓、油污、棉丝等杂物。各种防护罩必须立即装上，没有的要立即装配齐全。

⑪ 车间突然停电时，所有人员应立即停止正在进行的工作，关闭正在使用的水、压缩空气截门等设备开关，来电后统一恢复。

⑫ 进厂新员工必须经三级安全培训，合格后方可单独上岗作业。

⑬ 水、电混用一起操作时，必须断电后再操作。

⑭ 员工有权拒绝危险性操作。

❖ 参考文献 ❖

[1] 杨新美.中国食用菌栽培学[M].北京:中国农业出版社,1988.

[2] 黄毅.食用菌栽培(上、下册)[M].北京:高等教育出版社,1998.

[3] 杨国良.蘑菇生产全书[M].北京:中国农业出版社,2004.

[4] 陈士瑜.食用菌栽培新技术[M].北京:中国农业出版社,2003.

[5] 潘崇环,孙萍.新编食用菌图解[M].北京:中国农业出版社,2006.

[6] 李洪忠,牛长满.食用菌优质高产栽培[M].辽宁:辽宁科技出版社,2010.

[7] 崔颂英.食用菌生产与加工[M].北京:中国农业大学出版社,2007.

[8] 韩玉才.最新食用菌生产与经销大全[M].沈阳:科学技术出版社,2001.

[9] 黄年来.中国食用菌百科[M].北京:中国农业出版社,1993.

[10] 张金霞.无公害食用菌安全生产手册[M].北京:中国农业出版社,2008.

[11] 吕作舟,蔡衍山.食用菌生产技术手册[M].北京:农业出版社,1995.

[12] 曹德宾.绿色食用菌标准化生产与营销[M].北京:化学工业出版社,2004.

[13] 郭金成.食用菌高效栽培技术一本通[M].北京:化学工业出版社,2009.